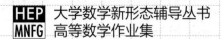

大学数学新形态辅导丛书
高等数学作业集

U0185161

# 高等数学
# 作业集（下册）

主　编　陈亚丽　陈乾　涂道兴
副主编　张晴霞　林敏　李春泉　刘瑞宽

中国教育出版传媒集团
高等教育出版社·北京

内容提要

本书是与同济大学数学科学学院编写的《高等数学》第八版下册相配套的作业集,内容涵盖微分方程、向量代数与空间解析几何、多元函数微分学、多元函数积分学、无穷级数等。书中习题主要选自所配套教材的习题、自编习题、历年考研真题等,题目按照"过关、提高、拓展"三个层次进行设置,方便教师布置分层作业。书末以二维码形式给出题目参考答案,一些典型题目录制了评讲视频。

本作业集可供高等学校理工类、经管类专业本科生学习高等数学课程配套使用,帮助学生扎实掌握高等数学的概念、理论和方法,提高独立思考和解决问题的能力。

图书在版编目(CIP)数据

高等数学作业集. 下册 / 陈亚丽, 陈乾, 涂道兴主编. --北京:高等教育出版社, 2024.2
ISBN 978-7-04-061766-5

Ⅰ. ①高… Ⅱ. ①陈… ②陈… ③涂… Ⅲ. ①高等数学-高等学校-习题集 Ⅳ. ①O13-44

中国国家版本馆 CIP 数据核字(2024)第 020131 号

Gaodeng Shuxue Zuoyeji

| | | | | |
|---|---|---|---|---|
| 策划编辑 | 杨 帆 | 责任编辑 杨 帆 | 封面设计 李小璐 | 版式设计 杨 树 |
| 责任校对 | 马鑫蕊 | 责任印制 耿 轩 | | |

| | | | | |
|---|---|---|---|---|
| 出版发行 | 高等教育出版社 | | 网 址 | http://www.hep.edu.cn |
| 社 址 | 北京市西城区德外大街4号 | | | http://www.hep.com.cn |
| 邮政编码 | 100120 | | 网上订购 | http://www.hepmall.com.cn |
| 印 刷 | 北京市联华印刷厂 | | | http://www.hepmall.com |
| 开 本 | 787mm×1092mm 1/16 | | | http://www.hepmall.cn |
| 印 张 | 8 | | | |
| 字 数 | 170 千字 | | 版 次 | 2024年2月第1版 |
| 购书热线 | 010-58581118 | | 印 次 | 2024年2月第1次印刷 |
| 咨询电话 | 400-810-0598 | | 定 价 | 17.10 元 |

本书如有缺页、倒页、脱页等质量问题,请到所购图书销售部门联系调换
版权所有 侵权必究
物 料 号 61766-00

# 前　言

　　高等数学不仅是高等学校理工类、经管类专业本科生的一门重要的公共基础课程，也是相关专业研究生入学考试的重要科目，它为学生学习后续专业课程和解决实际问题提供必不可少的数学思想及常用的数学基础知识和基本方法。本作业集旨在帮助学生学好高等数学课程，掌握高等数学的基本概念、计算方法和运算技能，并为考研打好扎实的基础。

　　本作业集与同济大学数学科学学院编写的《高等数学》第八版下册相配套，主要内容涵盖微分方程、向量代数与空间解析几何、多元函数微分学、多元函数积分学、无穷级数等，具有以下特点：

　　1. 题目主要选自所配套教材的习题、自编习题、历年考研真题等，并按照"过关、提高、拓展"三个层次进行设置，方便教师结合学生数学基础的差异性，灵活布置分层作业。

　　2. 部分题目融入环境保护、社会经济等元素，以引导学生树立理想信念，热爱科学，为我国社会主义事业的建设作出贡献。

　　3. 作业集所有题目均配套给出答案，对一些典型题目录制了评讲视频，以二维码形式在书中给出，方便学生扫码查看，也可供选用作业集的教师参考。

　　作业集由陈乾（第六章）、林敏（第七章）、陈亚丽（第八章练习 8-1,8-2,8-3,8-4,8-5）、张晴霞（第八章练习 8-6,8-7,8-8，第九章练习 9-1,9-2）、李春泉（第九章练习 9-3,9-4,9-5,9-6,9-7）、刘瑞宽（第十章）编写。全书由陈亚丽负责统稿和协调，涂道兴、陈亚丽、陈乾负责审核。在本书编写过程中，我们汲取了众多教材和参考书精华，在此特向各位编者致谢！此外，西南石油大学教务处和理学院的领导及同事们给我们以很大的鼓励和支持，在此一并表示衷心的感谢！

　　本书是我校高等数学课程教学改革的尝试与探索，书中可能存在不妥之处，恳请各位师生和读者不吝指正，以便不断改进和修正，编者不胜感激。

编者

2023 年 11 月

# 目 录

# 第六章 微分方程

## 练习 6-1

**一、过关练习**

1. 填空题

（1）微分方程 $y''' = (y'')^5 + y'$ 的阶为 _____．

（2）已知曲线 $y = y(x)$ 在点 $(x, y)$ 处切线的斜率等于该点的横、纵坐标的平方和，则该曲线所满足的微分方程是 _____．

（3）设质量为 $m$ 的质点受力 $F = F(t)$ 的作用做直线运动 $x = x(t)$，其中 $x(t)$ 表示该质点在 $t$ 时刻的位移，则该质点运动所满足的微分方程为 _____．

（4）已知某种气体的压强 $P$ 对温度 $T$ 的变化率与压强成正比，与温度的平方成反比，则其满足的微分方程为 _____．

2. 选择题

（1）下列等式中，不是微分方程的是（　　）．

（A）$\dfrac{\mathrm{d}\rho}{\mathrm{d}\theta} + \rho = \sin^2 \theta$　　　　　　　　　（B）$\dfrac{\mathrm{d}^3 x}{\mathrm{d}t^3} + 4x^2 = x + \sin^2 t$

（C）$3x^2 + 2x - y = 1$　　　　　　　　　（D）$x^2 y'' - xy' + y = 0$

（2）下列命题中不正确的是（　　）．

（A）函数 $y = C$ 是微分方程 $y''' = y'' + \sin y'$ 的解，但既不是通解，也不是特解

（B）函数 $y = C_1 \cos x + C_2 \sin x$ 是微分方程 $y'' + y = 0$ 的通解

（C）函数 $y = x^2$ 是微分方程 $y' = 2x$ 的特解

（D）函数 $y = \mathrm{e}^x + Cx$ 是微分方程 $y'' = \mathrm{e}^x$ 的通解

**二、提高练习**

1. 填空题

（1）已知一阶微分方程的通解为 $(x + C)^2 + y^2 = 1$，其中 $C$ 为任意常数，则该微分方程为 _____．

（2）已知二阶微分方程的通解为 $y = C_1 \mathrm{e}^{2x} + C_2 \mathrm{e}^{-x}$，其中 $C_1$ 和 $C_2$ 为任意常数，则该

微分方程为_____.

（3）已知曲线经过点$(0,1)$，且曲线上任一点处的切线斜率等于该点横坐标的平方，则曲线满足的微分方程为_____，其初值条件为_____，该微分方程的通解为_____，其特解为_____.

2. 选择题

（1）微分方程 $2yy'' = (y')^2$ 的通解是 $y = ($     $)$.

(A) $(x-C)^2$                 (B) $C(x-1)^2$

(C) $C_1 + (x-C_2)^2$          (D) $C_1(x-C_2)^2$

（2）已知函数 $f(x)$ 满足关系式 $2\displaystyle\int_0^x f(t)\,\mathrm{d}t = f(x) - 1$，则 $f(x) = ($     $)$.

(A) $Ce^{2x}$，其中 $C$ 为任意常数      (B) $e^{2x}$

(C) $Cx^2$，其中 $C$ 为任意常数        (D) $x^2$

# 练习 6-2

## 一、过关练习

1. 填空题

（1）微分方程 $xy'-y\ln y=0$ 的通解是 _____.

（2）微分方程 $y'=10^{x+y}$ 的通解是 _____.

（3）微分方程 $xy'-y=x^2\sin x$ 的通解是 _____.

（4）微分方程 $y'=\dfrac{y}{x}+\dfrac{x}{y}$ 的通解是 _____.

（5）（2019 年考研数学一）微分方程 $2yy'-y^2-2=0$ 满足条件 $y(0)=1$ 的特解是 $y=$

_____.

2. 选择题

（1）微分方程 $(1-y)y'=1-x^2$ 是（　　）.

（A）可分离变量方程　　　　　　　　（B）齐次方程

（C）一阶线性方程　　　　　　　　　（D）伯努利方程

（2）微分方程 $xy'=y(\ln y-\ln x)$ 是（　　）.

（A）可分离变量方程　　　　　　　　（B）齐次方程

（C）一阶线性方程　　　　　　　　　（D）伯努利方程

（3）下列一阶微分方程中,是线性方程的是（　　）.

（A）$y\ln y\mathrm{d}x+\sin x\mathrm{d}y=0$　　　　　　　（B）$xy'=y\ln\dfrac{y}{x}$

（C）$\dfrac{\mathrm{d}y}{\mathrm{d}x}+\dfrac{x}{y}=y$　　　　　　　　（D）$\dfrac{\mathrm{d}y}{\mathrm{d}x}+\dfrac{y}{x}=\sin x$

（4）下列一阶微分方程中,是伯努利方程的是（　　）.

（A）$y'\sin x=y\ln y$　　　　　　　　（B）$xy'=y+\sqrt{y^2-x^2}$

（C）$\dfrac{\mathrm{d}y}{\mathrm{d}x}+\dfrac{4}{x}y=x\sqrt{y}$　　　　　　　（D）$\dfrac{\mathrm{d}y}{\mathrm{d}x}+\dfrac{2y}{x+1}=(x+1)^2$

3. 某汽车公司在长期的运营中发现每辆汽车的总维修成本 $y$（单位:100 元）对汽

车大修时间间隔 $x$（单位:年）的变化率等于 $\dfrac{2y}{x}-\dfrac{81}{x^2}$，已知当大修时间间隔 $x=1$ 时，总维修成本 $y=27.5$.试求每辆汽车的总维修成本与大修时间间隔 $x$ 的函数关系，并问每辆汽车多少年大修一次，可使每辆汽车的总维修成本最低?

4. 求微分方程 $(x^3+y^3)\,\mathrm{d}x-3xy^2\,\mathrm{d}y=0$ 的通解.

二、提高练习

1. 填空题

（1）设 $f(x)$ 是可导函数，且满足 $f(x)+2\int_0^x f(t)\,\mathrm{d}t=x^2$，则 $f(x)=$ _____.

（2）已知函数 $y=y(x)$ 在 $(0,+\infty)$ 内有意义，$y(1)=0$，且在任意点 $x$ 处取自变量的增量 $\Delta x$，相应地函数 $y=y(x)$ 有增量 $\Delta y=\dfrac{1-xy}{x^2}\Delta x+o(\Delta x)$，则 $y(\mathrm{e})=$ _____.

（3）$y\ln y\,\mathrm{d}x+(x-\ln y)\,\mathrm{d}y=0$ 的通解是 _____.

2. 选择题

（1）已知 $y=f(x)$ 是方程 $y''-2y'+3y=0$ 的一个解，且 $f(x_0)>0,f'(x_0)=0$，则下列命题中正确的是（　　）.

（A）$f(x_0)$ 是 $f(x)$ 的极大值

（B）$f(x)$ 在点 $x_0$ 的某个邻域内单调增加

（C）$f(x_0)$ 是 $f(x)$ 的极小值

（D）$f(x)$ 在点 $x_0$ 的某个邻域内单调减少

（2）微分方程 $(y^4-3x^2)\,\mathrm{d}y+xy\,\mathrm{d}x=0$ 是（　　）.

（A）可分离变量方程　　　　　　（B）齐次方程

（C）一阶线性方程　　　　　　　（D）伯努利方程

3. 已知某曲线在任一点的切线在纵轴上的截距等于该点的横坐标，且曲线经过点 $(1,1)$，试求该曲线的方程.

4. 设平面曲线上任意点 $P(x,y)$ 处的法线与 $x$ 轴的交点为 $Q$，线段 $PQ$ 的长度等于常数 $a$，且曲线经过原点，试求曲线的方程.

## 三、拓展练习

1. 已知 $f(x)$ 对任意实数 $x_1$ 和 $x_2$ 满足 $f(x_1+x_2)=\mathrm{e}^{x_1}f(x_2)+\mathrm{e}^{x_2}f(x_1)$，且 $f'(0)=1$，求函数 $f(x)$.

2.（2000年考研数学二）某湖泊的水量为 $V$，每年排入湖泊内含污染物 $A$ 的污水量为 $\dfrac{V}{6}$，流入湖泊内不含 $A$ 的水量也为 $\dfrac{V}{6}$，流出湖泊的水量为 $\dfrac{V}{3}$。已知 1999 年底湖中 $A$ 的含量为 $5m_0$，超过国家规定指标。为了治理污水，从 2000 年初起，限定排入湖泊中含 $A$ 的污水浓度不超过 $\dfrac{m_0}{V}$，问至多需要经过多少年，湖泊中污染物 $A$ 的含量才可降至 $m_0$ 以内？（设湖水中 $A$ 的浓度均匀）

3."温故而知新，可以为师矣."学习需要及时复习，归纳总结，一门课程结束后，学生学到的知识开始慢慢忘记，假设学生忘记其所学知识的速率与他们当时还记得的知识与某一常数 $a$ 之间的差成正比（比例系数设为 $k$）。

（1）设 $y(t)$ 为课程结束 $t$ 星期后仍被学生记得的那部分知识量，试建立关于 $y(t)$ 的微分方程；

（2）设课程结束时学生学到的知识的量为 1（即 100%），解此微分方程；

（3）试解释在解中的两个常数 $a$ 和 $k$ 的实际意义.

# 练习 6-3

## 一、过关练习

1. 填空题

（1）微分方程是 $y''' = 2x + \cos 3x$ 的通解为 _____.

（2）设某个质点以等加速度 $a$（常数）做直线运动，且其初速度为 $v_0$，初始位移为 $s_0$，则此质点的运动规律为 _____.

2. 求微分方程 $(1-2x)y'' - y' = 0$ 的通解.

3. 求微分方程 $y'' = 2yy'$ 满足 $y(0) = 1, y'(0) = 2$ 的特解.

## 二、提高练习

1. 填空题

（1）设曲线的方程 $y = y(x)$ 满足微分方程 $y'' = 6x$，且曲线在点 $(0,-2)$ 的切线方程为 $2x - 3y = 6$，则该曲线的方程为＿＿＿＿＿＿＿＿＿＿＿＿＿＿＿＿＿＿＿＿＿＿＿＿＿＿．

（2）微分方程 $y''' = y''$ 的通解为＿＿＿＿＿＿＿＿＿＿＿＿＿＿＿＿＿＿＿＿＿＿＿＿＿＿＿＿．

2. 求微分方程 $y'' + y'^2 = 1$ 满足 $y(0) = 0, y'(0) = 0$ 的特解.

3. 求微分方程 $3y^2 y' y'' + 3yy'^3 = 2$ 的通解.

## 练习 6-4

### 一、过关练习

1. 填空题

(1) $y''-7y'+12y=0$ 的通解为 _____.

(2) $9y''+6y'+y=0$ 的通解为 _____.

(3) $y''-4y'+13y=0$ 的通解为 _____.

(4) $y''-3y'+2y=x^2 e^x$ 的特解形式为 _____.

(5) $y''+9y=12\cos 3x$ 的特解形式为 _____.

2. 选择题

(1) 设 $e^x$ 和 $\sin x$ 是二阶非齐次线性微分方程 $y''+P(x)y'+Q(x)y=f(x)$ 的解, $x^2$ 是微分方程 $y''+P(x)y'+Q(x)y=0$ 的解,则下列命题中不正确的是(    ).

(A) 函数 $y=(1+C_1)e^x+C_2 x^2-C_1\sin x$ 是 $y''+P(x)y'+Q(x)y=f(x)$ 的通解

(B) 函数 $y=C_1(\sin x-e^x)+C_2 x^2+e^x$ 是 $y''+P(x)y'+Q(x)y=f(x)$ 的通解

(C) 函数 $y=C_1 e^x-C_2\sin x+x^2$ 是 $y''+P(x)y'+Q(x)y=f(x)$ 的通解

(D) 函数 $y=C_1 e^x+C_2 x^2-C_1\sin x$ 是 $y''+P(x)y'+Q(x)y=0$ 的通解

(2) $y''+y'-2y=e^x\cos x$ 有特解(    ).

(A) $y^*=ae^x\cos x$

(B) $y^*=be^x\sin x$

(C) $y^*=e^x(a\cos x+b\sin x)$

(D) $y^*=a\cos x+b\sin x$

(3) 微分方程 $y''+2y'=x\sin 2x$ 有特解(    ).

(A) $y^*=x^2[(ax+b)\cos 2x+(cx+d)\sin 2x]$

(B) $y^*=(ax+b)\sin 2x$

(C) $y^*=x[(ax+b)\cos 2x+(cx+d)\sin 2x]$

(D) $y^*=(ax+b)\cos 2x+(cx+d)\sin 2x$

3. 求下列微分方程的通解：

（1）$y''+5y'+6y=2e^{-x}$.

（2）$y''-y=2xe^x$.

（3）$y''-4y'+4y=xe^{2x}$.

（4）$y''+y=4\sin x$.

## 二、提高练习

### 1. 选择题

（1）设 $y_1,y_2$ 和 $y_3$ 都是二阶非齐次线性微分方程 $y''+P(x)y'+Q(x)y=f(x)$ 的特解，且 $\dfrac{y_1-y_2}{y_2-y_3}$ 不恒为常数，$C_1,C_2$ 为任意常数，则下列函数中不是该微分方程的通解的是（　　）.

（A）$C_1(y_1-y_2)+C_2(y_2-y_3)+2y_1-y_2$

（B）$C_1y_1+C_2y_2+y_3$

（C）$C_1(y_1-y_2)+C_2(y_2-y_3)+\dfrac{1}{3}(2y_1+4y_2-3y_3)$

（D）$C_1(y_1-y_2)+C_2(y_2-y_3)+y_1-y_2+y_3$

（2）已知函数 $f(x)$ 是微分方程 $y''-2y'+5y=0$ 的解，且曲线 $y=f(x)$ 上点 $(0,-2)$ 处的切线平行于直线 $2x+y+6=0$，则 $f(x)=$（　　）.

（A）$2\mathrm{e}^x\sin 2x$　　　　　　　　　　（B）$2\mathrm{e}^x\cos 2x$

（C）$-2\mathrm{e}^x\sin 2x$　　　　　　　　　（D）$-2\mathrm{e}^x\cos 2x$

（3）（2017 年考研数学二）微分方程 $y''-4y'+8y=\mathrm{e}^{2x}(1+\cos 2x)$ 的特解可设为 $y^*=$（　　）.

（A）$A\mathrm{e}^{2x}+\mathrm{e}^{2x}(B\cos 2x+C\sin 2x)$　　　　（B）$Ax\mathrm{e}^{2x}+\mathrm{e}^{2x}(B\cos 2x+C\sin 2x)$

（C）$A\mathrm{e}^{2x}+x\mathrm{e}^{2x}(B\cos 2x+C\sin 2x)$　　　　（D）$Ax\mathrm{e}^{2x}+x\mathrm{e}^{2x}(B\cos 2x+C\sin 2x)$

2. (经济类学生做)已知某商品的供给函数为 $Q_d = 42-4P-4P'+P''$,需求函数为 $Q_s = -6+8P$,初值条件为 $P(0)=6, P'(0)=4$,若在每一时刻市场供需平衡,求价格函数 $P(t)$.

3. (非经济类学生做)设某个质点的加速度大小为 $5\cos 2t-9s$,且该质点在原点处由静止出发,求位移 $s$ 与时间 $t$ 的函数关系.

4. 已知 $f(x)$ 具有二阶导数,且 $f(x) = e^x - \int_0^x (x-t)f(t)\,dt$,求 $f(x)$.

5. 已知 $y = \sin x - x\cos x$ 是微分方程 $y'' + py' + qy = a\sin x$ 的解,求常数 $p, q$ 和 $a$ 的值,并求该微分方程的通解.

三、拓展练习

1. 填空题

(1) $y^{(4)} + 5y'' - 36y = 0$ 的通解为 _____.

(2) $y^{(4)} - 2y''' + y'' = 0$ 的通解为 _____.

(3) $y^{(4)} - y = 0$ 的通解为 _____.

(4)(2022 年考研数学二)$y''' - 2y'' + 5y' = 0$ 的通解为 _____

_____.

2.(2012 年考研数学二)已知函数 $f(x)$ 满足方程 $f''(x) + f'(x) - 2f(x) = 0$ 及 $f'(x) + f(x) = 2e^x$.

(1)求 $f(x)$ 的表达式.

（2）求曲线 $y = f(x^2) \displaystyle\int_0^x f(-t^2)\,\mathrm{d}t$ 的拐点.

3.（2016年考研数学三）设函数 $f(x)$ 连续,且满足 $\displaystyle\int_0^x f(x-t)\,\mathrm{d}t = \int_0^x (x-t)f(t)\,\mathrm{d}t + \mathrm{e}^{-x} - 1$,求 $f(x)$.

# 练习 6-5

## 一、过关练习

**1. 填空题**

(1) 设 $y_x = x^2 - 3x$，则 $\Delta y_x = $ _____ ，$\Delta^2 y_x = $ _____ .

(2) 差分方程 $y_{x+2} + 2y_{x+1} - y_{x-1} = 8$ 的阶是 _____ .

(3) 差分方程 $3y_{t+1} - 2y_t = 0$ 的通解是 _____ .

(4) 差分方程 $4y_{x+1} + 2y_x = 1$ 的通解是 _____ .

(5) 差分方程 $y_{x+1} - y_x = 3$ 的通解是 _____ .

(6) (2017 年考研数学三) 差分方程 $y_{t+1} - 2y_t = 2^t$ 的通解为 _____ .

**2. 选择题**

(1) 下列方程中，阶数为 2 的差分方程是(    ).

(A) $y_{x+3} - x^2 y_{x+1} + 3y_x = 2$      (B) $y_{x+2} - y_x = y_{x-1}$

(C) $\Delta^2 y_{x+1} - \Delta^2 y_x + y_x + 1 = 0$      (D) $y'' + xy' - y = 2xe^x$

(2) 下列方程中，不属于 $n$ 阶差分方程的一般形式的是(    ).

(A) $F(x, y_x, y_{x+1}, y_{x+2}, \cdots, y_{x+n}) = 0$      (B) $G(x, y_x, y_{x-1}, y_{x-2}, \cdots, y_{x-n}) = 0$

(C) $H(x, y_x, \Delta y_x, \Delta^2 y_x, \cdots, \Delta^n y_x) = 0$      (D) $E(x, y_{x-1}, y_x, y_{x+1}, \cdots, y_{x+n}) = 0$

**3.** 求差分方程 $y_x - y_{x-1} = (x-1)2^{x-1}$，$y_0 = 0$ 的特解.

## 二、提高练习

1. 填空题

（1）差分方程 $y_{x+1}-y_x=x+3$ 的通解是 _____.

（2）差分方程 $y_{x+1}+y_x=x\cdot3^x$ 的通解是 _____.

（3）（2018年考研数学三）$\Delta^2 y_x-y_x=5$ 的通解是 _____.

（4）（2021年考研数学三）差分方程 $\Delta y_t=t$ 的通解为 _____.

2. 求差分方程 $y_{x+1}-y_x=x\cdot2^x$ 满足 $y_0=1$ 的特解.

3. "绿水青山就是金山银山"，保护环境，爱护家园，人人有责.现有某污水处理厂通过清除水中污物对污水进行处理，并生产出有用的肥料和清洁用水.已知这种处理过程每小时从处理池中清出12%的残留物，问一天后还有百分之几的污物残留在处理池中？使污物量降到原来的10%要多长时间？已知 $0.88^{24}\approx0.046\,5$，$\dfrac{\ln 0.1}{\ln 0.88}\approx18$.

# 第七章　向量代数与空间解析几何

## 练习 7-1

一、过关练习

1. 填空题

（1）设点 $M_1 = (4, \sqrt{2}, 1)$ 和点 $M_2 = (3, 0, 2)$，则向量 $\overrightarrow{M_1 M_2}$ 的模为 _____，方向余弦为 _____，方向角为 _____．

（2）与向量 $a = (2, -2, 1)$ 同方向的单位向量为 _____，与 $a$ 平行的单位向量为 _____．

（3）设 $\alpha, \beta, \gamma$ 是向量 $a$ 的三个方向角，则 $\sin^2 \alpha + \sin^2 \beta + \sin^2 \gamma = $ _____．

（4）已知空间三点 $A(3, 1, 2)$，$B(4, -2, -2)$ 和 $C(0, 5, 1)$，则在 $yOz$ 面内与 $A, B$ 和 $C$ 等距离的点的坐标是 _____．

2. 选择题

（1）设 $a = (3, m-1, -2)$，$b = (-6, 4, n)$，则 $b \parallel a$ 的充要条件是（　　）．

（A）$m = 1, n = 4$　　　　　　　（B）$m = 1, n = -4$

（C）$m = -1, n = 4$　　　　　　（D）$m = -1, n = -4$

（2）点 $(2, -3, -1)$ 在第（　　）卦限．

（A）I　　　　　　　　　　　　（B）IV

（C）V　　　　　　　　　　　　（D）VIII

3. 求与向量 $a = (16, -15, 12)$ 反向平行且长度为 75 的向量．

## 二、提高练习

1. 已知 $a$ 是单位向量,且 $a$ 的方向角之间有关系式 $\gamma = 2\alpha = 2\beta$,求 $a$.

2. 已知向量 $\overrightarrow{OM}$ 与 $x$ 轴成 $45°$ 角,与 $y$ 轴成 $60°$ 角,它的长度等于 6,它在 $z$ 轴上的坐标为负的,求向量 $\overrightarrow{OM}$ 的坐标以及沿 $\overrightarrow{OM}$ 方向的单位向量.

## 三、拓展练习

证明:已知三个非零向量 $a,b,c$ 中任意两个向量都不平行,但 $a+b$ 与 $c$ 平行,$b+c$ 与 $a$ 平行,有 $a+b+c = 0$.

# 练习 7-2

## 一、过关练习

### 1. 填空题

（1）设 $a=(1,2,3)$，$b=(c,4-c,-2)$，且 $a \perp b$，则常数 $c=$____．

（2）设 $a=2i-3j+k$，$b=i-j+3k$，$c=i-2j$，则 $(a+b) \times (b+c)=$____．

（3）已知 $\overrightarrow{OA}=i+3k$，$\overrightarrow{OB}=j+3k$，则 $\triangle OAB$ 的面积等于_____．

（4）设 $a=(1,-2,1)$，$b=(-1,-1,2)$，则 $a$ 与 $b$ 的夹角为_____．

### 2. 选择题

（1）$(a+b+c) \times c + (a+b+c) \times b - (b-c) \times a = ($  $)$．

（A）$2(a \times c)$                 （B）$2(a \times b)$

（C）$2(b \times c)$                （D）$-2(a \times b)$

（2）下列等式中正确的是（  ）．

（A）$i+j=k$                   （B）$i \cdot j=k$

（C）$i \cdot i=j \cdot j$               （D）$i \times i=i \cdot i$

### 3. 求同时垂直于 $a=(3,6,8)$ 和 $x$ 轴的单位向量．

## 二、提高练习

### 1. 填空题

（1）设 $|a|=2$，$|b|=3$，$a$ 与 $b$ 的夹角为 $\dfrac{\pi}{6}$，则以 $a+2b$ 和 $a-b$ 为边的平行四边形的

面积等于_____.

（2）已知 $(a×b) \cdot c = 3$，则 $[(a+b)×(b+c)] \cdot c =$ _____.

（3）已知向量 $a=(3,5,-2)$，$b=(2,1,4)$，且向量 $\lambda a+\mu b$ 与 $z$ 轴垂直，则 $\lambda$ 和 $\mu$ 之间的关系是_____.

（4）设 $u=2a+b$，$v=ka+b$，其中 $|a|=1$，$|b|=2$，且 $a \perp b$，① 当 $k=$ _____ 时，$u \perp v$；② 当 $k=$ _____ 时，以 $u$ 和 $v$ 为邻边的平行四边形面积为 6.

（5）设向量 $a,b,c$ 两两垂直，且 $|a|=3$，$|b|=4$，$|c|=5$，则向量 $a+b+c$ 的长度为_____.

（6）设向量 $a,b,c$ 均为单位向量，且 $a+b+c=0$，则 $a \cdot b+b \cdot c+c \cdot a=$ _____.

2. 选择题

（1）已知 $a$ 与 $b$ 都是非零向量，则 $|a-b|=|a+b|$ 的充要条件是（　　）.

(A) $a-b=0$          (B) $a+b=0$

(C) $a \cdot b=0$          (D) $a×b=0$

（2）已知 $|a|=1$，$|b|=\sqrt{2}$，且 $(\widehat{a,b})=\dfrac{\pi}{4}$，则 $|a+b|=$（　　）.

(A) 1          (B) $1+\sqrt{2}$

(C) 2          (D) $\sqrt{5}$

（3）$(a×b) \cdot (a×b)+(a \cdot b)(a \cdot b)=$（　　）.

(A) $|a|^2|b|$          (B) $2|a|^2|b|^2$

(C) $|a|^2|b|^2$          (D) $|a||b|^2$

3. 已知 $|a|=1$，$|b|=\sqrt{3}$，$a \perp b$，求 $a+b$ 与 $a-b$ 的夹角 $\theta$.

4. 已知两点 $A(1,0,0)$ 和 $B(0,2,1)$,试在 $z$ 轴上求一点 $C$,使 $\triangle ABC$ 的面积最小.

**三、拓展练习**

1. 已知 $|\boldsymbol{a}| = 6, |\boldsymbol{b}| = 3, |\boldsymbol{c}| = 3, (\widehat{\boldsymbol{a},\boldsymbol{b}}) = \dfrac{\pi}{6}, \boldsymbol{c} \perp \boldsymbol{a}, \boldsymbol{c} \perp \boldsymbol{b}$,求混合积 $[\boldsymbol{abc}]$.

2. 求以 $A(1,3,4)$, $B(3,5,6)$, $C(2,5,8)$, $D(4,2,10)$ 为顶点的四面体的体积 $V$.

# 练习 7-3

## 一、过关练习

### 1. 填空题

(1) 设平面 $\Pi$ 过点 $(1,1,2)$ 且垂直于向量 $(2,-1,4)$，则平面 $\Pi$ 的方程是 _____ _____.

(2) 已知平面 $kx-y+z=1$ 和平面 $x+2y+3z=4$ 垂直，则常数 $k$ 为 _____.

(3) 已知平面 $\Pi$ 过点 $(3,0,-1)$，且平面 $\Pi$ 与平面 $3x-7y+5z-12=0$ 平行，则平面 $\Pi$ 的方程为 _____.

(4) 设平面 $\Pi$ 平行于 $\boldsymbol{a}=(-3,3,1)$，且平面 $\Pi$ 在 $x$ 轴上的截距为 6，在 $y$ 轴上的截距为 3，则平面 $\Pi$ 的方程是 _____.

(5) 点 $(2,1,0)$ 到平面 $3x+4y+5z=0$ 的距离 $d=$ _____.

### 2. 选择题

(1) 已知平面 $kx-y+2z=3$ 与平面 $\dfrac{x}{\frac{5}{2}}+\dfrac{y}{-\frac{5}{4}}+\dfrac{z}{-\frac{5}{3}}=1$ 垂直，则常数 $k=$ (    ).

(A) 1         (B) 2         (C) 0         (D) −1

(2) 平面 $x-y+2z-1=0$ 与平面 $2x+y+z-3=0$ 的夹角为 (    ).

(A) $\dfrac{\pi}{6}$         (B) $\dfrac{\pi}{3}$         (C) $\dfrac{\pi}{4}$         (D) $\dfrac{\pi}{2}$

### 3. 已知平面 $\Pi$ 经过三点 $A(1,0,-1)$，$B(1,2,0)$ 和 $C(3,2,1)$，求平面 $\Pi$ 的方程.

## 二、提高练习

1. 填空题

（1）设一平面与原点的距离为 6，且在三坐标轴上的截距之比 $a:b:c=1:3:2$，则该平面的方程为 _____.

（2）设一平面经过两点 $A(3,0,-2)$，$B(-1,2,4)$ 且与 $x$ 轴平行，则此平面的方程为

_____.

（3）已知坐标原点到平面 $\Pi$ 的距离为 1，且平面 $\Pi$ 与平面 $6x+3y+2z=-12$ 平行，则平面 $\Pi$ 的方程是 _____.

2. 选择题

（1）已知平面 $\Pi$ 经过点 $A(k,k,0)$ 与 $B(2k,2k,0)$，其中 $k\neq0$，且垂直于平面 $z=0$，则平面 $\Pi$ 的一般方程 $Ax+By+Cz+D=0$ 中的系数必须满足（　　）.

（A）$B=-C,A=D=0$　　　　　　　　（B）$A=-B,C=D=0$

（C）$A=-C,B=D=0$　　　　　　　　（D）$A=C,B=D=0$

（2）已知平面 $\Pi_1:19x-4y+8z+21=0$，平面 $\Pi_2:19x-4y+8z+42=0$，则平面 $\Pi_1$ 与平面 $\Pi_2$ 的距离为（　　）.

（A）21　　　　　（B）42　　　　　（C）1　　　　　（D）2

3. 设一平面经过原点及点 $(6,-3,2)$ 且与平面 $4x-y+2z=8$ 垂直，求此平面的方程.

## 三、拓展练习

设 $a>0,b>0,c>0$，用微元法证明：平面 $\dfrac{x}{a}+\dfrac{y}{b}+\dfrac{z}{c}=1$ 与三个坐标面所围成的四面体的体积是 $\dfrac{1}{6}abc$.

# 练习 7-4

## 一、过关练习

### 1. 填空题

(1) 过点 $(4, -1, 3)$ 且与直线 $\dfrac{x-3}{2} = \dfrac{y}{1} = \dfrac{z-1}{5}$ 平行的直线的方程为 _____

_____.

(2) 过点 $(2, 0, -3)$ 且与平面 $x - 3y + 2z = 5$ 垂直的直线的方程为 _____

_____.

(3) 过两点 $A(-1, 2, 3)$ 和 $B(2, 0, -1)$ 的直线的方程为 _____.

(4) 直线 $\begin{cases} 3x - y + 2z - 6 = 0, \\ x + 4y - z + a = 0 \end{cases}$ 与 $z$ 轴相交，则常数 $a =$ _____.

(5) 直线 $\dfrac{x-2}{1} = \dfrac{y-3}{1} = \dfrac{z-4}{2}$ 与平面 $2x + y + z - 6 = 0$ 的交点为 _____.

(6) 直线 $L: \dfrac{x-1}{2} = \dfrac{y+2}{-1} = \dfrac{z+1}{m}$ 在平面 $\Pi: -px + 2y - z + 4 = 0$ 上，则 $m =$ _____, $p =$

_____.

### 2. 选择题

(1) 设空间直线的对称式方程为 $\dfrac{x}{0} = \dfrac{y}{1} = \dfrac{z}{2}$，则该直线必(      ).

(A) 过原点且垂直于 $x$ 轴          (B) 过原点且垂直于 $y$ 轴

(C) 过原点且垂直于 $z$ 轴          (D) 过原点且平行于 $x$ 轴

(2) 直线 $L: \dfrac{x+3}{-2} = \dfrac{y+4}{-7} = \dfrac{z}{3}$ 与平面 $\Pi: 4x - 2y - 2z = 3$ (      ).

(A) 平行                  (B) 直线在平面内

(C) 垂直相交             (D) 相交但不垂直

3. 已知平面 $\Pi$ 与直线 $L_1: \begin{cases} x = 1, \\ y = -1 + t, \\ z = 2 + t, \end{cases}$ 直线 $L_2: \dfrac{x+1}{1} = \dfrac{y+2}{2} = \dfrac{z-1}{1}$ 都平行，且平面 $\Pi$ 经过

坐标原点,求平面 $\Pi$ 的方程.

4. 求过点 $(0,2,4)$ 且与两平面 $x+2z-1=0,y-3z-2=0$ 平行的直线的方程.

5. 将直线的一般式方程 $\begin{cases} 2x-y+3z-1=0, \\ 3x+2y-z-12=0 \end{cases}$ 化为点向式方程和参数方程.

二、提高练习

1. 填空题

（1）设直线 $\dfrac{x-1}{1}=\dfrac{y+1}{2}=\dfrac{z-1}{k}$ 与直线 $x+1=y-1=z$ 相交于一点，则 $k=$ _____.

（2）过点 $(2,0,-3)$ 且与直线 $\begin{cases} x-2y+4z=7, \\ 3x+5y-2z=-1 \end{cases}$ 垂直的平面的方程为 _____

_____ .

（3）已知两条直线的方程是 $l_1:\dfrac{x-1}{1}=\dfrac{y-2}{0}=\dfrac{z-3}{-1}$，$l_2:\dfrac{x+2}{2}=\dfrac{y-1}{1}=\dfrac{z}{1}$，则过 $l_1$ 且平行于 $l_2$ 的平面的方程是 _____ .

（4）直线 $x-1=\dfrac{y-5}{-2}=z+8$ 与直线 $\begin{cases} x-y=6, \\ 2y+z=3 \end{cases}$ 之间的夹角为 _____ .

（5）过点 $P(1,2,1)$ 且与直线 $L_1:\begin{cases} x+2y-z=-1, \\ x-y+z=1, \end{cases}$ $L_2:\begin{cases} 2x-y+z=0, \\ x-y+z=0 \end{cases}$ 都平行的平面 $\Pi$ 的方程为 _____ .

（6）过点 $P(3,1,-2)$ 且通过直线 $L:\dfrac{x-4}{5}=\dfrac{y+3}{2}=\dfrac{z}{1}$ 的平面 $\Pi$ 的方程为 _____

_____ .

（7）一条直线过点 $(2,1,3)$ 且与另一条直线 $\dfrac{x+1}{3}=\dfrac{y-1}{2}=\dfrac{z}{-1}$ 垂直相交，两条直线的交点为 _____ .

2. 选择题

（1）已知直线 $L_1:\dfrac{x+3}{-2}=\dfrac{y+4}{-5}=\dfrac{z}{3}$，$L_2:\begin{cases} x=3t, \\ y=-1+3t, \\ z=2+7t, \end{cases}$ $L_3:\begin{cases} x+2y-z=-1, \\ 2x+y-z=0, \end{cases}$ 则（　　）.

（A）$L_1 /\!/ L_2$　　　　（B）$L_1 /\!/ L_3$　　　　（C）$L_2 \perp L_3$　　　　（D）$L_1 \perp L_2$

（2）直线 $\begin{cases} x+3y+2z+1=0, \\ 2x-y-10z+3=0 \end{cases}$ 与平面 $4x-2y+z-2=0$ 的关系为（　　）.

（A）平行　　　　　　　　　　　（B）直线在平面内

（C）垂直相交　　　　　　　　　（D）相交但不垂直

（3）设直线 $L:\begin{cases} x+y+3z=0, \\ x-y-z=0, \end{cases}$ 平面 $\Pi:x-y-z+1=0$，则直线 $L$ 与平面 $\Pi$ 的关系为（　　）.

（A）平行　　　　　　　　　　　（B）垂直相交

（C）相交但不垂直　　　　　　　　　（D）直线在平面内

（4）点 $P(3,-1,2)$ 到直线 $L:\begin{cases}x+y-z+1=0,\\2x-y+z-4=0\end{cases}$ 的距离是(　　　).

（A）$\dfrac{3}{2}\sqrt{2}$　　　　　（B）$3\sqrt{2}$　　　　　（C）$8\sqrt{2}$　　　　　（D）$5\sqrt{2}$

3. 求与两条直线 $L_1:\dfrac{x+3}{2}=\dfrac{y-5}{1}=\dfrac{z}{1}$ 和 $L_2:\dfrac{x-3}{1}=\dfrac{y+1}{4}=\dfrac{z}{1}$ 都相交,且与直线 $L_3:\dfrac{x+2}{3}=\dfrac{y-1}{2}=\dfrac{z-3}{1}$ 平行的直线 $L$ 的方程.

4. 已知平面 $\Pi_1$ 和平面 $\Pi_2$ 都经过直线 $L:\begin{cases}2x+y-3z+2=0,\\5x+5y-4z+3=0,\end{cases}$ 平面 $\Pi_1$ 经过点 $(4,-3,1)$, 且平面 $\Pi_1$ 与平面 $\Pi_2$ 垂直,求平面 $\Pi_1$ 和平面 $\Pi_2$ 的方程.

5. 求直线 $L:\dfrac{x-1}{2}=\dfrac{y}{-1}=\dfrac{z-3}{1}$ 在平面 $\Pi:x-3y+2z-5=0$ 上的投影直线的方程.

三、拓展练习

1. 求经过直线 $L:\begin{cases} x+5y+z=0, \\ x-z+4=0 \end{cases}$ 且与平面 $x-4y-8z+12=0$ 的夹角为 $\dfrac{\pi}{4}$ 的平面的方程.

2. 求直线 $L_1:\begin{cases} x-y=0, \\ z=0 \end{cases}$ 与直线 $L_2:\dfrac{x-2}{4}=\dfrac{y-1}{-2}=\dfrac{z-3}{-1}$ 的距离.

# 练习 7-5

## 一、过关练习

**1. 填空题**

（1）曲面 $x^2+y^2+z^2-2x+4y+2z=0$ 是以点_____为球心、半径为____的球面.

（2）曲线 $2y=\sqrt{2-x^2}$ 绕 $x$ 轴旋转一周而得到的旋转曲面的方程是_____.

（3）曲线 $2y=\sqrt{2-x^2}$ 绕 $y$ 轴旋转一周而得到的旋转曲面的方程是_____.

（4）平面 $x=-1$ 是以 $xOy$ 面内的直线_____为准线、母线平行于 $z$ 轴的柱面,平面 $x=-1$ 也是以 $xOz$ 面内的直线 $x=-1$ 为准线、母线平行于____轴的柱面.

（5）曲面 $x^2+y^2=1$ 是以 $xOy$ 面内的曲线_____为准线、母线平行于 $z$ 轴的柱面.

**2. 选择题**

（1）曲面 $x^2+y^2=z^2$ 是(　　).

（A）旋转抛物面　　（B）锥面　　（C）圆柱面　　（D）球面

（2）曲面 $x^2+y^2=z$ 是(　　).

（A）旋转抛物面　　（B）锥面　　（C）圆柱面　　（D）球面

（3）曲面 $x^2-y^2+4z^2=-5$ 是(　　).

（A）单叶双曲面　　（B）双叶双曲面　　（C）圆柱面　　（D）旋转曲面

（4）下列曲面中,不是柱面的是(　　).

（A）$y^2=5x$　　　　　　　　　　（B）$x^2+y^2=4$

（C）$\dfrac{y^2}{9}-\dfrac{x^2}{4}=1$　　　　　　　　（D）$\dfrac{x^2}{2}+\dfrac{y^2}{3}+\dfrac{z^2}{2}=1$

## 二、提高练习

**1. 选择题**

（1）$2(x-1)^2+(y-2)^2-(z-3)^2=0$ 在空间直角坐标系中表示(　　).

（A）球面　　　　　　　　　　　　（B）椭圆锥面

（C）抛物面 （D）圆锥面

（2）到球面 $\sum_1:(x-4)^2+y^2+z^2=9$ 与 $\sum_2:(x+1)^2+(y+1)^2+(z+1)^2=4$ 的距离之比为 3：2 的点的轨迹是（    ）.

（A）球面 （B）椭圆锥面

（C）抛物面 （D）圆锥面

2. 求曲面 $z=x^2+y^2$ 与平面 $z=1$ 所围成的立体的体积.

### 三、拓展练习

（2013 年考研数学一）设直线 $L$ 过 $A(1,0,0)$，$B(0,1,1)$ 两点,求 $L$ 绕 $z$ 轴旋转一周所得旋转曲面 $\sum$ 的方程.

# 练习 7-6

## 一、过关练习

### 1. 填空题

（1）方程组 $\begin{cases} \dfrac{x^2}{6} + \dfrac{y^2}{3} = 1, \\ y = 1 \end{cases}$ 在平面解析几何中表示_____.

（2）方程组 $\begin{cases} \dfrac{x^2}{2} + \dfrac{y^2}{3} = 1, \\ y = 1 \end{cases}$ 在空间解析几何中表示_____.

（3）曲线 $\begin{cases} \dfrac{x^2}{16} + \dfrac{y^2}{4} - \dfrac{z^2}{5} = 1, \\ x - 2z + 3 = 0 \end{cases}$ 关于 $xOy$ 面的投影柱面的方程是_____.

（4）曲线 $\begin{cases} x^2 + y^2 + z^2 = 9, \\ x + z = 1 \end{cases}$ 在 $xOy$ 面上的投影曲线的方程为_____.

### 2. 选择题

（1）方程组 $\begin{cases} 2x^2 + y^2 + 4z^2 = 9, \\ x = 1 \end{cases}$ 表示（      ）.

（A）椭球面

（B）$x = 1$ 平面上的椭圆

（C）椭圆柱面

（D）空间曲线在 $x = 1$ 平面上的投影

（2）曲面 $x^2 - y^2 = z$ 在 $xOz$ 面上的截线方程为（      ）.

（A）$x^2 = z$

（B）$\begin{cases} y^2 = -z, \\ x = 0 \end{cases}$

（C）$\begin{cases} x^2 - y^2 = 0, \\ z = 0 \end{cases}$

（D）$\begin{cases} x^2 = z, \\ y = 0 \end{cases}$

## 二、提高练习

### 1. 填空题

（1）曲面 $z = \sqrt{3 - 2x^2 - y^2}$ 在 $xOy$ 面上的投影区域 $D$ 是_____.

（2）由平面 $x=0,y=0,z=0$ 和 $x+2y+3z=1$ 围成的空间立体在 $xOy$ 面上的投影区域 $D$ 是＿＿＿＿＿＿＿＿＿．

（3）由曲面 $z=x^2+2y^2$ 及 $z=6-2x^2-y^2$ 所围成的立体在 $xOy$ 面上的投影区域 $D$ 是＿＿＿＿＿＿＿＿＿．

（4）旋转抛物面 $z=x^2+y^2(0\leqslant z\leqslant 4)$ 在 $xOy$ 面上的投影区域 $D_1$ 是＿＿＿＿＿＿＿＿＿＿＿＿＿＿＿＿＿，在 $yOz$ 面上的投影区域 $D_2$ 是＿＿＿＿＿＿＿＿＿＿＿＿＿＿＿，在 $zOx$ 面上的投影区域 $D_3$ 是＿＿＿＿＿＿＿＿＿＿＿＿＿＿＿＿＿．

2. 选择题

曲面 $x^2+y^2+z^2=3a^2$ 与曲面 $x^2+y^2=2az(a>0)$ 的交线 $C$ 在 $xOy$ 面内的投影曲线是（ ）．

（A）抛物线                            （B）双曲线

（C）圆                                    （D）椭圆

### 三、拓展练习

1. 选择题

柱面的准线方程为 $\begin{cases} x^2+y^2+z^2=1, \\ 2x^2+2y^2+z^2=2, \end{cases}$ 且柱面母线的方向数是 $-1,0,1$，该柱面方程是（ ）．

（A）$x^2+y^2+z^2+xz-1=0$         （B）$x^2+y^2+z^2+2xz-1=0$

（C）$x^2+y^2+z^2+2xz+1=0$         （D）$x^2+y^2+z^2-2xz-1=0$

2. （1998 年考研数学一）求直线 $l:\dfrac{x-1}{1}=\dfrac{y}{1}=\dfrac{z-1}{-1}$ 在平面 $\Pi:x-y+2z-1=0$ 上的投影直线 $l_0$ 的方程，并求 $l_0$ 绕 $y$ 轴旋转一周所成曲面的方程．

# 第八章 多元函数微分学

## 练习 8-1

**一、过关练习**

1. 填空题

（1）设 $f(x,y)=\ln(x-\sqrt{x^2-y^2})$，$a>b>0$，则 $f(a+b,a-b)=$ _____ .

（2）设 $f\left(x+y,\dfrac{y}{x}\right)=x^2-y^2$，则 $f(x,y)=$ _____ .

（3）二元函数 $z=\ln(y-x)+\dfrac{\sqrt{x}}{\sqrt{1-x^2-y^2}}$ 的定义域为 _____ .

（4）$\lim\limits_{(x,y)\to(1,0)}\dfrac{\ln(x^2+e^y)}{\sqrt{x^2+y^2}}=$ _____ .

（5）$\lim\limits_{\substack{x\to0\\y\to0}}(x^2+y^2)\sin\dfrac{1}{xy}=$ _____ .

（6）函数 $z=\dfrac{1}{y-x}$ 的间断点是 _____ .

（7）函数 $f(x,y)=\ln(x^2+y^2-1)$ 的连续区域是 _____ .

（8）二元函数 $f(x,y)=x+y$ 在有界闭区域 $D=\{(x,y)\,|\,x\geq0,y\geq0,x+y\leq1\}$ 上的最小值为 _____ ，最大值为 _____ .

2. 证明下列极限不存在：

（1）$\lim\limits_{\substack{x\to0\\y\to0}}\dfrac{x+y}{x-y}$ .

（2）$\lim\limits_{\substack{x\to 0\\y\to 0}}\dfrac{xy}{x^2+y^2}$.

（3）$\lim\limits_{\substack{x\to 0\\y\to 0}}\dfrac{x^2y}{x^4+y^2}$.

3. 计算下列各极限：

（1）$\lim\limits_{(x,y)\to(0,2)}\dfrac{\ln(1+xy)}{x}$.

(2) $\displaystyle \lim_{(x,y)\to(0,0)} \frac{3-\sqrt{xy+9}}{xy}$.

(3) $\displaystyle \lim_{(x,y)\to(0,3)} (1-x)^{\frac{1}{x+x^2y}}$.

(4) $\displaystyle \lim_{(x,y)\to(0,0)} \frac{\sin xy^2}{x^2+y^2}$.

4. 讨论下列函数在点$(0,0)$处的连续性:

(1) $f(x,y) = \begin{cases} x\sin\dfrac{1}{y} + y\sin\dfrac{1}{x}, & (x,y) \neq (0,0), \\ 1, & (x,y) = (0,0). \end{cases}$

(2) $g(x,y) = \begin{cases} (x^2+y^2)\ln(x^2+y^2), & (x,y) \neq (0,0), \\ 0, & (x,y) = (0,0). \end{cases}$

(3) $h(x,y) = \begin{cases} \dfrac{xy^2}{x^2+y^4}, & (x,y) \neq (0,0), \\ 0, & (x,y) = (0,0). \end{cases}$

## 二、提高练习

### 1. 填空题

（1）$\lim\limits_{\substack{x \to 0 \\ y \to 0}} \dfrac{\ln(1+xy)}{\sqrt{xy+1}-1} =$ _____.

（2）$\lim\limits_{\substack{x \to 0 \\ y \to 0}} \dfrac{xy}{\sqrt{x^2+y^2}} =$ _____.

（3）$\lim\limits_{(x,y) \to (0,0)} \dfrac{x^2+y^2-\sin(x^2+y^2)}{(x^2+y^2)^3} =$ _____.

（4）三元函数 $f(x,y,z)=(x-1)^2+(y-1)^2+(z-1)^2$ 在有界闭区域 $\Omega = \{(x,y,z) \,|\, x^2+y^2+z^2 \leq 1\}$ 上的最小值为_____，最大值为_____.

### 2. 选择题

设

$$f(x,y)=\begin{cases} \dfrac{xy}{\sqrt{x^2+y^2}}, & (x,y) \neq (0,0), \\ 0, & (x,y)=(0,0), \end{cases} \qquad g(x,y)=\begin{cases} \dfrac{xy}{x^2+y^2}, & (x,y) \neq (0,0), \\ 0, & (x,y)=(0,0), \end{cases}$$

则下列命题正确的是（　　）.

（A）$f(x,y)$ 在点 $(0,0)$ 处连续

（B）$f(x,y)$ 在点 $(0,0)$ 处不连续，但 $f(x,y)$ 在点 $(0,0)$ 处的极限存在

（C）$g(x,y)$ 在点 $(0,0)$ 处连续

（D）$g(x,y)$ 在点 $(0,0)$ 处不连续，但 $g(x,y)$ 在点 $(0,0)$ 处的极限存在

## 三、拓展练习

讨论 $f(x,y)=\begin{cases} \dfrac{x^2\sin\dfrac{1}{x^2+y^2}+y^2}{x^2+y^2}, & (x,y) \neq (0,0), \\ 0, & (x,y)=(0,0) \end{cases}$ 在点 $(0,0)$ 处的连续性.

# 练习 8-2

## 一、过关练习

### 1. 填空题

(1) 已知一定量理想气体的状态方程是 $PV = RT$ (其中 $R$ 为常数), 则 $\dfrac{\partial P}{\partial V} \cdot \dfrac{\partial V}{\partial T} \cdot \dfrac{\partial T}{\partial P} = $ _____.

(2) 设 $f(x, y) = \ln\left(x + \dfrac{y}{2x}\right)$, 则 $f_x(1, 0) = $ _____.

(3) 设 $f(x, y, z) = \ln(xy + z)$, 则 $f_x(1, 2, 0) = $ _____, $f_y(1, 2, 0) = $ _____, $f_z(1, 2, 0) = $ _____.

(4) 设 $f(t)$ 是可导函数, $u = f(xyz)$, 则 $\dfrac{\partial u}{\partial x} = $ _____.

(5) 设 $f(x, y) = x\sin(xy)$, 则 $\dfrac{\partial^2 f}{\partial x \partial y} - \dfrac{\partial^2 f}{\partial y \partial x} = $ _____.

(6) 曲线 $\begin{cases} z = xy, \\ y = 1 \end{cases}$ 上点 $(1, 1, 1)$ 处的切线与 $x$ 轴的正向所成的角度是 _____.

(7) 设函数 $f(x, y) = y^2 \sin(x^3 y) + (1 - y)\arctan x + e^{-2y}$, 则 $f_y(0, 0) = $ _____.

### 2. 选择题

(1) 设 $f(x, y) = x^2 \arctan \dfrac{y}{x} - y^2 \arctan \dfrac{x}{y}$, 则下列选项正确的是 (    ).

(A) $\dfrac{\partial f}{\partial x} = 2x\arctan \dfrac{y}{x} - y$          (B) $\dfrac{\partial f}{\partial y} = x + 2y\arctan \dfrac{x}{y}$

(C) $\dfrac{\partial f}{\partial x} = 2x\arctan \dfrac{y}{x} + y$          (D) $\dfrac{\partial f}{\partial y} = x^2 - 2y\arctan \dfrac{x}{y}$

(2) 设 $f(x, y) = \begin{cases} \dfrac{xy}{x^2 + y^2}, & (x, y) \neq (0, 0), \\ 0, & (x, y) = (0, 0), \end{cases}$ 则下列选项正确的是 (    ).

（A）$f_x(0,0)=0, f_y(0,0)=0$  （B）$f_x(0,0)$ 不存在，$f_y(0,0)=0$

（C）$f_x(0,0)=0, f_y(0,0)$ 不存在  （D）$f_x(0,0)$ 不存在，$f_y(0,0)$ 不存在

## 二、提高练习

1. 填空题

（1）已知 $f(x,y)$ 在点 $(a,b)$ 处的偏导数存在，则 $\lim\limits_{x\to 0}\dfrac{f(a+x,b)-f(a-x,b)}{x}=$ _____

_____.

（2）已知函数 $z=u(x,y)\mathrm{e}^{ax+by}$，且 $\dfrac{\partial^2 u}{\partial x \partial y}=0$，$\dfrac{\partial^2 z}{\partial x \partial y}-\dfrac{\partial z}{\partial x}-\dfrac{\partial z}{\partial y}+z=0$，则常数 $a=$ _____，

$b=$ _____.

（3）已知 $u=z\arctan\dfrac{x}{y}$，则 $\dfrac{\partial^2 u}{\partial x^2}+\dfrac{\partial^2 u}{\partial y^2}+\dfrac{\partial^2 u}{\partial z^2}=$ _____.

2. 选择题

（1）函数 $f(x,y)=\mathrm{e}^{\sqrt{x^2+y^2}}$ 在点 $(0,0)$ 处（　　）.

（A）$f_x(0,0)$ 存在，$f_y(0,0)$ 存在  （B）$f_x(0,0)$ 存在，$f_y(0,0)$ 不存在

（C）$f_x(0,0)$ 不存在，$f_y(0,0)$ 存在  （D）$f_x(0,0)$ 不存在，$f_y(0,0)$ 不存在

（2）函数 $f(x,y)=x+|y|$ 在点 $(0,0)$ 处（　　）.

（A）连续，但偏导数不存在  （B）连续，偏导数存在

（C）不连续，但偏导数存在  （D）不连续，偏导数不存在

（3）下列命题正确的是（　　）.

（A）如果 $f_x(x_0,y_0)$ 和 $f_y(x_0,y_0)$ 都存在，那么 $f(x,y)$ 在点 $(x_0,y_0)$ 处连续

（B）如果 $f(x,y)$ 在点 $(x_0,y_0)$ 处连续，那么 $f_x(x_0,y_0)$ 和 $f_y(x_0,y_0)$ 都存在

（C）如果 $f(x,y)$ 在点 $(x_0,y_0)$ 处不连续，那么 $f_x(x_0,y_0)$ 和 $f_y(x_0,y_0)$ 都不存在

（D）如果 $f_x(x_0,y_0)$ 和 $f_y(x_0,y_0)$ 都存在，那么 $f(x,y_0)$ 在点 $x_0$ 处连续，且 $f(x_0,y)$ 点 $y_0$ 处连续

3. 设 $z=(x^2+y^2)\mathrm{e}^{-\arctan\frac{y}{x}}$，求 $\dfrac{\partial^2 z}{\partial x \partial y}$.

4. 设 $f(x,y) = \begin{cases} \dfrac{xy}{\sqrt{x^2+y^2}}, & (x,y) \neq (0,0), \\ 0, & (x,y) = (0,0), \end{cases}$ 求偏导数 $f_x(x,y), f_y(x,y)$.

## 三、拓展练习

1. 填空题

（1）（2009 年考研数学三）设 $z = (x + \mathrm{e}^y)^x$，则 $\dfrac{\partial z}{\partial x} \bigg|_{(1,0)} =$ _____.

（2）（2014 年考研数学二）已知函数 $f(x,y)$ 满足 $\dfrac{\partial f}{\partial y} = 2y + 2$，$f(y,y) = (y+1)^2 + (y-2)\ln y$，则 $f(x,y) =$ _____.

（3）设 $f(t)$ 是连续函数，且对任意实数 $x$ 和 $y$，定积分 $\displaystyle\int_y^{x+y} f(t)\,\mathrm{d}t$ 与 $y$ 无关，则 $f(x) =$ _____.

（4）（2011 年考研数学一）设函数 $F(x,y) = \displaystyle\int_0^{xy} \dfrac{\sin t}{1+t^2}\,\mathrm{d}t$，则 $\dfrac{\partial^2 F}{\partial x^2} =$ _____.

2. （2010 年考研数学二）设函数 $u = f(x,y)$ 具有二阶连续偏导数，且满足等式 $4\dfrac{\partial^2 u}{\partial x^2} + 12\dfrac{\partial^2 u}{\partial x \partial y} + 5\dfrac{\partial^2 u}{\partial y^2} = 0$，确定 $a,b$ 的值使等式在变换 $\xi = x + ay$，$\eta = x + by$ 下化简为 $\dfrac{\partial^2 u}{\partial \xi \partial \eta} = 0$.

3. (1997 年考研数学一) 设函数 $f(u)$ 具有二阶连续导数,而 $z=f(e^x \sin y)$ 满足方程 $\dfrac{\partial^2 z}{\partial x^2} + \dfrac{\partial^2 z}{\partial y^2} = e^{2x}z$,求 $f(u)$.

4. 设函数 $z=f[xy, yg(x)]$,其中 $f$ 具有二阶连续偏导数,函数 $g(x)$ 可导且在 $x=1$ 处取得极值 $g(1)=1$,求 $\dfrac{\partial^2 z}{\partial x \partial y}\bigg|_{\substack{x=1 \\ y=1}}$.

# 练习 8-3

## 一、过关练习

### 1. 填空题

（1）函数 $z = x^2 y^3$ 在点 $(2, -1)$ 处对应于自变量的增量 $\Delta x = 0.02$ 和 $\Delta y = -0.01$ 的全增量 $\Delta z = $ _____ ，全微分 $\mathrm{d}z = $ _____ .

（2）已知函数 $z = x^2 y$ ，则全微分 $\mathrm{d}z = $ _____ .

（3）设 $u = \sin xy + z$ ，则 $\mathrm{d}u = $ _____ .

（4）设 $u = f(r)$ 是可导函数，$r = \sqrt{x^2 + y^2}$ ，则 $\mathrm{d}u = $ _____ .

（5）已知 $(axy^3 - y^2 \cos x)\mathrm{d}x + (1 + by\sin x + 3x^2 y^2)\mathrm{d}y$ 是 $f(x, y)$ 在点 $(x, y)$ 处的全微分，则常数 $a = $ _____ ，$b = $ _____ .

### 2. 选择题

（1）函数 $z = \sin(2x + y)$ 在点 $M_0\left(\dfrac{\pi}{4}, \dfrac{\pi}{2}\right)$ 处的全微分 $\mathrm{d}z = ($ ____ $)$ .

（A）$\mathrm{d}x + 2\mathrm{d}y$     （B）$-2\mathrm{d}x - \mathrm{d}y$     （C）$2\mathrm{d}x + \mathrm{d}y$     （D）$2\mathrm{d}x - \mathrm{d}y$

（2）函数 $z = f(x, y)$ 的偏导数 $\dfrac{\partial z}{\partial x}$ 及 $\dfrac{\partial z}{\partial y}$ 在点 $(x, y)$ 存在且连续是 $f(x, y)$ 在该点可微的（ ____ ）.

（A）充分条件               （B）必要条件

（C）充要条件               （D）既非充分条件也非必要条件

### 3. 求下列函数的全微分：

（1）$z = \mathrm{e}^{\sin xy}$ .

(2) $u = x + \sin \dfrac{y}{2} + \mathrm{e}^{yz} + \ln 3$.

二、提高练习

1. 选择题

(1)（1997 年考研数学一）二元函数 $f(x,y) = \begin{cases} \dfrac{xy}{x^2+y^2}, & x^2+y^2 \neq 0, \\ 0, & x^2+y^2 = 0 \end{cases}$ 在点 $(0,0)$ 处

(   ).

（A）不连续,但偏导数存在     （B）连续,偏导数不存在

（C）连续,偏导数存在       （D）全微分存在

(2) 设 $f(x,y) = \sqrt{|xy|}$,则下列命题不正确的是(    ).

（A）$f(x,y)$ 在点 $(0,0)$ 处连续    （B）$f(x,y)$ 在点 $(0,0)$ 处偏导数存在

（C）$f(x,y)$ 在点 $(0,0)$ 处可微分    （D）$f(x,y)$ 在点 $(0,0)$ 处不可微分

(3) 下列命题正确的是(    ).

（A）若 $f(x,y)$ 在点 $(x_0,y_0)$ 处连续,且 $f(x,y)$ 在点 $(x_0,y_0)$ 处偏导数存在,则 $f(x,y)$ 在点 $(x_0,y_0)$ 处可微分

（B）若 $f_x(x,y)$ 和 $f_y(x,y)$ 都在点 $(x_0,y_0)$ 处连续,则 $f(x,y)$ 在点 $(x_0,y_0)$ 处连续,且 $f_x(x_0,y_0)$ 和 $f_y(x_0,y_0)$ 都存在

（C）若 $f(x,y)$ 在点 $(x_0,y_0)$ 处可微分,则 $f_x(x,y)$ 和 $f_y(x,y)$ 都在点 $(x_0,y_0)$ 处连续

（D）若 $f(x,y)$ 在点 $(x_0,y_0)$ 处连续,则 $f_x(x,y)$ 和 $f_y(x,y)$ 都在点 $(x_0,y_0)$ 处连续

2. 设函数 $f(x,y) = \begin{cases} xy\sin\dfrac{1}{\sqrt{x^2+y^2}}, & x^2+y^2 \neq 0, \\ 0, & x^2+y^2 = 0, \end{cases}$ 求证：

(1) $f_x(0,0)$ 和 $f_y(0,0)$ 存在.

（2）$f_x(x,y)$ 和 $f_y(x,y)$ 在点 $(0,0)$ 处不连续.

（3）$f(x,y)$ 在点 $(0,0)$ 处可微分.

### 三、拓展练习

1. 填空题

（1）（2012 年考研数学三）设连续函数 $z=f(x,y)$ 满足 $\lim\limits_{\substack{x\to0\\y\to1}}\dfrac{f(x,y)-2x+y-2}{\sqrt{x^2+(y-1)^2}}=0$，则

$\mathrm{d}z\big|_{(0,1)}=$ _____ .

（2）设 $f(x,y,z)=z\sqrt{\dfrac{x}{y}}$，则 $\mathrm{d}f(1,1,1)=$ _____ .

2. 设二元函数 $f(x,y)=|x-y|g(x,y)$，其中 $g(x,y)$ 在点 $(0,0)$ 的某领域内连续. 试分析 $g(0,0)$ 为何值时，$f(x,y)$ 在点 $(0,0)$ 处的两个偏导数均存在？此时，$f(x,y)$ 在点 $(0,0)$ 处是否可微？

# 练习 8-4

## 一、过关练习

### 1. 填空题

（1）设 $z=\tan(3t+2x^2-y)$，$x=\dfrac{1}{t}$，$y=\sqrt{t}$，则 $\dfrac{\mathrm{d}z}{\mathrm{d}t}=$ _____.

（2）设 $u=x^2+y^2+z^2$，$z=x^2\cos y$，则 $\dfrac{\partial u}{\partial x}=$ _____，$\dfrac{\partial u}{\partial y}=$ _____

_____.

（3）设 $f(x,y,z)$ 在任意一点 $(x,y,z)$ 处可微分，$z=f(x^2,x\ln x,\mathrm{e}^{-x})$，则 $\dfrac{\mathrm{d}z}{\mathrm{d}x}=$ _____

_____.

（4）设 $f(x,y,z)$ 在任意一点 $(x,y,z)$ 处可微分，$u=f(x^2y,xz,yz)$，则 $\mathrm{d}u=$ _____

_____.

（5）设 $f(x,y,z)$ 在任意一点 $(x,y,z)$ 处可微分，$u=f(x-y,y-z,t-z)$，则 $\dfrac{\partial u}{\partial x}+\dfrac{\partial u}{\partial y}+\dfrac{\partial u}{\partial z}+$

$\dfrac{\partial u}{\partial t}=$ _____.

### 2. 选择题

（1）设 $f(u,v)$ 具有二阶连续偏导数，$z=f(xy^2,x^2y)$，则 $\dfrac{\partial^2 z}{\partial x\partial y}=$ （　　　）.

（A）$2yf_1'+xf_2'+2xy^3f_{11}''+5x^2y^2f_{12}''+2x^3yf_{22}''$

（B）$2yf_1'+2xf_2'+2xy^3f_{11}''+5x^2y^2f_{12}''+2x^3yf_{22}''$

（C）$2yf_1'+2xf_2'+2xy^3f_{11}''+x^2y^2f_{12}''+2x^3yf_{22}''$

（D）$2yf_1'+2xf_2'+2xy^3f_{11}''+5x^2y^2f_{12}''-2x^3yf_{22}''$

（2）设 $f(u,v)$ 具有二阶连续偏导数，$z=f(xy,x+y^2)$，则 $\dfrac{\partial^2 z}{\partial y\partial x}=$ （　　　）.

（A）$yf_1'+xyf_{11}''+(x+2y^2)+2yf_{22}''$ 　　　　　（B）$f_1'+xyf_{11}''+(x+2y)+2yf_{22}''$

（C）$f_1'+xyf_{11}''+(x+2y^2)+2xf_{22}''$ （D）$f_1'+xyf_{11}''+(x+2y^2)+2yf_{22}''$

3. 设 $f(u,v)$ 具有二阶连续偏导数，$z=f\left(xy,\dfrac{x}{y}\right)+\sin y$，求 $\dfrac{\partial^2 z}{\partial x\partial y}$.

## 二、提高练习

1. 填空题

（1）设 $u=\mathrm{e}^{3x-y}$，$x+y=t^2$，$x-y=t+2$，则 $\dfrac{\mathrm{d}u}{\mathrm{d}t}\Big|_{t=0}=$ _____.

（2）设 $f(u)$ 是可导函数，$u=\dfrac{y}{x}$，$z=xyf(u)$，则 $x\dfrac{\partial z}{\partial x}+y\dfrac{\partial z}{\partial y}=$ _____.

（3）已知 $u=f(r)$ 具有二阶导数，$r=\sqrt{x^2+y^2}$，则 $\dfrac{\partial^2 u}{\partial x^2}+\dfrac{\partial^2 u}{\partial y^2}=$ _____.

（4）设 $u(x,y)=f(x+y)+f(x-y)+\displaystyle\int_{x-y}^{x+y}g(t)\mathrm{d}t$，其中 $f(u)$ 和 $g(v)$ 都具有二阶连续导数，则 $\dfrac{\partial^2 u}{\partial x^2}-\dfrac{\partial^2 u}{\partial y^2}=$ _____.

2.（1998 年考研数学一）设 $z=\dfrac{1}{x}f(xy)+y\varphi(x+y)$，其中 $f,\varphi$ 具有二阶连续导数，求 $\dfrac{\partial^2 z}{\partial x\partial y}$.

3.（2000 年考研数学一）设 $z=f\left(xy,\dfrac{x}{y}\right)+g\left(\dfrac{y}{x}\right)$，其中 $f$ 具有二阶连续偏导数，$g$ 具

有二阶连续导数，求 $\dfrac{\partial^2 z}{\partial x\partial y}$.

### 三、拓展练习

1.（2001 年考研数学一）设 $z=f(x,y)$ 在点 $(1,1)$ 处可微，且 $f(1,1)=1,f_x(1,1)=2$，

$f_y(1,1)=3$，又 $\varphi(x)=f(x,f(x,x))$，求 $\dfrac{\mathrm{d}}{\mathrm{d}x}\varphi^3(x)\bigg|_{x=1}$.

2. (2014 年考研数学一) 设函数 $f(u)$ 具有二阶连续导数,$z = f(e^x \cos y)$ 满足 $\dfrac{\partial^2 z}{\partial x^2} + \dfrac{\partial^2 z}{\partial y^2} = (4z + e^x \cos y) e^{2x}$,若 $f(0) = 0$,$f'(0) = 0$,求 $f(u)$ 的表达式.

# 练习 8-5

## 一、过关练习

### 1. 填空题

（1）设函数 $y = y(x)$ 由方程 $x^y = y^x$ 所确定，则 $\dfrac{\mathrm{d}y}{\mathrm{d}x} = $ _____.

（2）设函数 $z = f(x, y)$ 由方程 $\mathrm{e}^z = xyz$ 所确定，则 $\dfrac{\partial z}{\partial x} = $ _____,

$\dfrac{\partial z}{\partial y} = $ _____.

（3）设函数 $z = z(x, y)$ 由方程 $2\sin(x + 2y - 3z) = x + 2y - 3z$ 所确定，则 $\dfrac{\partial z}{\partial x} + \dfrac{\partial z}{\partial y} = $ _____

_____.

（4）设 $z = f(x + y + z, xyz)$，则 $\dfrac{\partial z}{\partial x} = $ _____, $\dfrac{\partial x}{\partial y} = $ _____,

$\dfrac{\partial y}{\partial z} = $ _____.

### 2. 求下列隐函数的导数：

（1）$xy + \ln y + \ln x = 0$，求 $\dfrac{\mathrm{d}y}{\mathrm{d}x}$.

（2）$x^2+y^2+z^2=4z$, 求 $\dfrac{\partial z}{\partial x}$, $\dfrac{\partial z}{\partial y}$.

## 二、提高练习

1. 填空题

（1）设 $\ln\sqrt{x^2+y^2}=\arctan\dfrac{y}{x}$ 确定隐函数 $y=f(x)$, 则 $\dfrac{\mathrm{d}y}{\mathrm{d}x}=$ _____.

（2）设 $f(u)$ 是可导函数, $x+z=yf(x^2-z^2)$, 则 $z\dfrac{\partial z}{\partial x}+y\dfrac{\partial z}{\partial y}=$ _____.

（3）（2014 年考研数学二）设函数 $z=z(x,y)$ 由方程 $e^{2yz}+x+y^2+z=\dfrac{7}{4}$ 所确定, 则 $\mathrm{d}z\,\big|_{\left(\frac{1}{2},\frac{1}{2}\right)}=$ _____.

（4）设 $\begin{cases}x+y+z=0,\\x^2+y^2+z^2=1,\end{cases}$ 则 $\dfrac{\mathrm{d}x}{\mathrm{d}z}=$ _____, $\dfrac{\mathrm{d}y}{\mathrm{d}z}=$ _____.

（5）设方程组 $\begin{cases}x=-u^2+v,\\y=u+v^2,\end{cases}$ 确定隐函数组 $\begin{cases}u=u(x,y),\\v=v(x,y),\end{cases}$ 则 $\dfrac{\partial v}{\partial x}=$ _____,

$\dfrac{\partial v}{\partial y}=$ _____.

2. 设方程 $\dfrac{x}{z}=\ln\dfrac{z}{y}$ 确定隐函数 $z=z(x,y)$, 求 $\dfrac{\partial z}{\partial x}$, $\dfrac{\partial z}{\partial y}$, $\dfrac{\partial^2 z}{\partial x\partial y}$.

3. 设方程 $z^3 - 2xz + y = 0$ 确定隐函数 $z = z(x,y)$，求 $\dfrac{\partial^2 z}{\partial x^2}, \dfrac{\partial^2 z}{\partial y^2}$.

### 三、拓展练习

1. （2002 年考研数学三）设函数 $u = f(x,y,z)$ 有连续偏导数，且 $z = z(x,y)$ 由方程 $x\mathrm{e}^x - y\mathrm{e}^y = z\mathrm{e}^z$ 所确定，求 $\mathrm{d}u$.

2. （1999 年考研数学一）设 $y = y(x), z = z(x)$ 是由方程 $z = xf(x+y)$ 和 $F(x,y,z) = 0$ 所确定的函数，其中 $f$ 和 $F$ 分别具有一阶连续导数和一阶连续偏导数，求 $\dfrac{\mathrm{d}z}{\mathrm{d}x}$.

# 练习 8-6

## 一、过关练习

**1. 填空题**

(1) 曲线 $\begin{cases} x = \cos t, \\ y = e^t, \\ z = 2t^2 + 1 \end{cases}$ 上点 $(1,1,1)$ 处的切线方程为 _____,法

平面方程为 _____.

(2) 曲线 $\begin{cases} 8x = y^3, \\ z = \sqrt[3]{x} \end{cases}$ 上点 $M(1,2,1)$ 处的切线方程为 _____.

(3) 曲面 $x^2 + y^2 + z^2 = 2$ 上点 $M(1,-1,0)$ 处的切平面方程为 _____.

(4) 曲面 $z - e^z + 2xy = 3$ 上点 $(1,2,0)$ 处的法线方程为 _____.

**2. 选择题**

(1) 曲线 $\begin{cases} x^2 + y^2 + z^2 = 6, \\ x + y + z = 0 \end{cases}$ 上点 $M(1,-2,1)$ 处的切线平行于( ).

(A) $xOy$ 面                     (B) $yOz$ 面

(C) $zOx$ 面                     (D) 平面 $x + y = 0$

(2) 在曲线 $\begin{cases} x = t, \\ y = -t^2, \\ z = t^3 \end{cases}$ 的所有切线中与平面 $x + 2y + z = 1$ 平行的切线有( )条.

(A) 1          (B) 2          (C) 3          (D) 4

**3.** 已知平面 $\Pi$ 是曲面 $z = x^2 + y^2$ 上点 $(1,-2,5)$ 处的切平面,且直线

$$L: \begin{cases} x + y + b = 0, \\ x + ay - z - 3 = 0 \end{cases}$$

在平面 $\Pi$ 上,试求常数 $a$ 和 $b$.

## 二、提高练习

1. 填空题

（1）曲线 $\begin{cases} x^2+y^2+z^2=3, \\ x+y+z=1 \end{cases}$ 上点 $(1,-1,1)$ 处的切线方程为 _____

_____，法平面方程为 _____.

（2）曲线 $\Gamma$ : $\begin{cases} x=\int_0^t e^u \cos u \, du, \\ y=2\sin t + \cos t, \\ z=1+e^{3t} \end{cases}$ 在 $t=0$ 处的切线方程为 _____

_____，法平面方程为 _____.

（3）（2023 年考研数学一）曲面 $z=x+2y+\ln(1+x^2+y^2)$ 在点 $(0,0,0)$ 处的切平面方程为 _____.

2. 选择题

（1）曲面 $x^2+2y^2+z^2=4$ 上点 $(1,-1,1)$ 处的切平面与三个坐标面所围成的立体的体积为（　　）.

(A) $\dfrac{2}{3}$　　　　　　　　　　　　　　(B) $\dfrac{4}{3}$

(C) $\dfrac{8}{3}$　　　　　　　　　　　　　　(D) $\dfrac{16}{3}$

（2）（2013 年考研数学一）曲面 $x^2+\cos(xy)+yz+x=0$ 在点 $(0,1,-1)$ 处的切平面方程为（　　）.

(A) $x-y+z=-2$　　　　　　　　　　(B) $x+y+z=0$

(C) $x-2y+z=-3$　　　　　　　　　(D) $x-y-z=0$

（3）（2001 年考研数学一）设 $f(x,y)$ 在点 $(0,0)$ 附近有定义，且 $f_x(0,0)=3$，$f_y(0,0)=1$，则（　　）.

(A) $dz \big|_{(0,0)} = 3dx+dy$

(B) 曲面 $z=f(x,y)$ 在点 $(0,0,f(0,0))$ 处的法向量为 $(3,1,1)$

(C) 曲线 $\begin{cases} z=f(x,y), \\ y=0 \end{cases}$ 在点 $(0,0,f(0,0))$ 处的切向量为 $(1,0,3)$

(D) 曲线 $\begin{cases} z=f(x,y), \\ y=0 \end{cases}$ 在点 $(0,0,f(0,0))$ 处的切向量为 $(3,0,1)$

3. 证明:曲面 $xyz=1$ 上任意点处的切平面与三个坐标面所围成的四面体的体积为常数.

**三、拓展练习**

填空题

(1993 年考研数学一)由曲线 $\begin{cases} 3x^2+2y^2=12, \\ z=0 \end{cases}$ 绕 $y$ 轴旋转一周得到的旋转曲面在点 $(0,\sqrt{3},\sqrt{2})$ 处的指向外侧的单位法向量为_____.

# 练习 8-7

## 一、过关练习

### 1. 填空题

（1）函数 $z = x^2 + y^2$ 在点 $(1,2)$ 处沿从点 $(1,2)$ 到点 $(2, 2+\sqrt{3})$ 的方向的方向导数为 _____.

（2）函数 $u = x^2 yz$ 在点 $P(1,1,1)$ 处沿向量 $\boldsymbol{l} = (2,-1,3)$ 的方向导数为 _____.

（3）函数 $u = x^2 + 2y^2 + 3z^2 + 3x - 2y$ 在点 $M(1,1,2)$ 处的梯度为 _____.

### 2. 选择题

（1）（2017年考研数学一）函数 $f(x,y,z) = x^2 y + z^2$ 在点 $(1,2,0)$ 处沿向量 $\boldsymbol{n} = (1,2,2)$ 的方向导数为（　　）.

(A) 12　　　　　(B) 6　　　　　(C) 4　　　　　(D) 2

（2）函数 $f(x,y) = x^2 - xy + y^2$ 在点 $(1,3)$ 处的最大方向导数为（　　）.

(A) 26　　　　　(B) $\sqrt{26}$　　　　　(C) 10　　　　　(D) $\sqrt{10}$

### 3. 求函数 $u = xy^2 - xyz + z^3$ 在点 $(1,1,2)$ 处沿方向角为 $\alpha = \dfrac{\pi}{3}, \beta = \dfrac{\pi}{4}, \gamma = \dfrac{\pi}{3}$ 的方向的方向导数.

## 二、提高练习

### 1. 填空题

（1）（2005 年考研数学一）设函数 $u(x,y,z) = 1 + \dfrac{x^2}{6} + \dfrac{y^2}{12} + \dfrac{z^2}{18}$，单位向量 $\boldsymbol{n} = \dfrac{1}{\sqrt{3}}(1,1,1)$，则 $\left. \dfrac{\partial u}{\partial n} \right|_{(1,2,3)} = $ _____.

（2）（2022 年考研数学一）函数 $f(x,y) = x^2 + 2y^2$ 在点 $(0,1)$ 处的最大方向导数为 _____.

### 2. 选择题

（1）下列关于 $f(x,y)$ 在点 $(x_0,y_0)$ 处的性质说法正确的是（　　）.

（A）若偏导数存在，则沿任意方向的方向导数存在

（B）若沿任意方向的方向导数存在，则偏导数存在

（C）若偏导数连续，则沿任意方向的方向导数存在

（D）若沿任意方向的方向导数存在，则偏导数连续

（2）函数 $f(x,y) = \arctan \dfrac{x}{y}$ 在点 $(0,1)$ 处的梯度等于（　　）.

（A）$\boldsymbol{i}$　　　　　　　　　　　　（B）$-\boldsymbol{i}$

（C）$\boldsymbol{j}$　　　　　　　　　　　　（D）$-\boldsymbol{j}$

### 3. 求函数 $u = x + y + z$ 在球面 $x^2 + y^2 + z^2 = 1$ 上点 $(x_0, y_0, z_0)$ 处沿球面在该点的外法线方向的方向导数.

## 三、拓展练习

已知函数 $f(x,y) = x+y+xy$，曲线 $C:x^2+y^2+xy=3$，求函数 $f(x,y)$ 在曲线 $C$ 上的最大方向导数.

# 练习 8-8

## 一、过关练习

### 1. 填空题

（1）函数 $f(x,y)=3-\sqrt{x^2+y^2}$ 的极值点是 _____.

（2）设 $f(x,y)=2x^2+xy^2+ax+by$ 在点 $(1,-1)$ 处取得极值，则 $a=$ _____，$b=$ _____.

（3）设 $f(x,y)=(x^2+1)(y^2-4y)$，则 $f(x,y)$ 的驻点是 _____.

（4）设 $f(x,y)=x^2+2xy+2y^2+4x+2y-5$，则 $f(x,y)$ 的驻点是 _____，在该点处 $f_{xx}=$ _____，$f_{xy}=$ _____，$f_{yy}=$ _____，函数 $f(x,y)$ 在该点处有 _____ 值.

（5）函数 $f(x,y)=x^3-3x^2-3y^2$ 在区域 $D=\{(x,y)\,|\,x^2+y^2\leqslant 16\}$ 上的最小值为 _____，最大值为 _____.

### 2. 选择题

（1）函数 $f(x,y)=2x-x^2+y^2+2y$ 在点 $(-1,1)$ 处（　　）.

（A）取极大值 0　　　　　　　　（B）取极小值 0

（C）不取极值　　　　　　　　　（D）无法判断是否取极值

（2）设可微函数 $f(x,y)$ 在点 $(x_0,y_0)$ 处取得极小值，则下列结论正确的是（　　）.

（A）$f(x_0,y)$ 在 $y=y_0$ 处的导数等于零　　（B）$f(x_0,y)$ 在 $y=y_0$ 处的导数大于零

（C）$f(x_0,y)$ 在 $y=y_0$ 处的导数小于零　　（D）$f(x_0,y)$ 在 $y=y_0$ 处的导数不存在

### 3. 求函数 $f(x,y)=x^3+y^3-3xy$ 的极值.

4. 已知矩形的周长为 $2P$,将矩形绕其一边旋转而形成一个旋转体,问当矩形两边的长度各为多少时旋转体的体积最大?

5. 将正数 $a$ 分成三个正数之和,使这三个正数的乘积最大.

## 二、提高练习

1. 选择题

(1)设函数 $f(x,y)$ 在 $P_0(x_0,y_0)$ 处有 $f_{xx}(x_0,y_0)=1,f_{xy}(x_0,y_0)=0,f_{yy}(x_0,y_0)=2$,则 $f(x,y)$ 在 $P_0(x_0,y_0)$ 处(     ).

(A)取极大值      (B)取极小值

(C)不取极值      (D)无法判断是否取极值

(2)已知函数 $f(x,y)$ 在点 $(0,0)$ 处的某个邻域内连续,且 $\lim\limits_{(x,y)\to(0,0)}\dfrac{f(x,y)-x^2-y^2}{(x^2+y^2)^3}=1$,则下列选项正确的是(     ).

(A)点 $(0,0)$ 是 $f(x,y)$ 的极大值点

(B)点 $(0,0)$ 是 $f(x,y)$ 的极小值点

(C)点 $(0,0)$ 不是 $f(x,y)$ 的极值点

(D)根据所给条件无法判断点 $(0,0)$ 是不是极值点

2. 在椭圆 $\dfrac{x^2}{2}+\dfrac{y^2}{4}=1$ 内嵌入边平行于坐标轴的矩形,求这些矩形面积的最大值.

3. 已知平面曲线 $L:\begin{cases}\dfrac{x^2}{a^2}+\dfrac{y^2}{b^2}=1, \\ z=0\end{cases}(a>0,b>0)$ 绕 $x$ 轴旋转所得曲面为 $S$,求曲面 $S$ 的内接长方体的最大体积.

4. (2021 年考研数学一)已知曲线 $C:\begin{cases}x^2+2y^2-z=6, \\ 4x+2y+z=30,\end{cases}$ 求曲线 $C$ 上的点到 $xOy$ 坐标面的距离的最大值.

## 三、拓展练习

（2005 年考研数学二）已知函数 $z=f(x,y)$ 的全微分 $\mathrm{d}z=2x\mathrm{d}x-2y\mathrm{d}y$，并且 $f(1,1)=2$. 求 $f(x,y)$ 在椭圆域 $D=\left\{(x,y)\,\Big|\,x^2+\dfrac{y^2}{4}\leqslant 1\right\}$ 上最大值和最小值.

# 第九章　多元函数积分学

## 练习 9-1

### 一、过关练习

**1. 填空题**

(1) 设 $D = \{(x,y) \mid x^2 + y^2 \leqslant 1\}$，则 $\displaystyle\iint\limits_{D} (1 + \sqrt{1 - x^2 - y^2})\, dx dy = $ _____.

(2) 设 $D = \{(x,y) \mid x^2 + y^2 \leqslant 100\}$，$f(x,y) = \begin{cases} xe^y, & x^2 + y^2 \leqslant 1, \\ 1, & 1 < x^2 + y^2 \leqslant 25, \\ x^2 \sin y, & x^2 + y^2 > 25, \end{cases}$ 则二重积分

$\displaystyle\iint\limits_{D} f(x,y)\, dx dy = $ _____.

(3) 交换积分次序：$\displaystyle\int_1^2 dx \int_{1-x}^0 f(x,y)\, dy = $ _____.

(4) 交换积分次序：$\displaystyle\int_0^2 dy \int_{y^2}^{2y} f(x,y)\, dx = $ _____.

**2. 选择题**

(1) 二次积分 $\displaystyle\int_0^1 dx \int_{-\sqrt{1-x^2}}^{\sqrt{1-x^2}} f(x,y)\, dy$ 可以化为 ( ).

(A) $\displaystyle\int_0^{\frac{\pi}{2}} d\theta \int_0^1 f(r\cos\theta, r\sin\theta)\, r dr$ 　　　　 (B) $\displaystyle\int_{-\frac{\pi}{2}}^0 d\theta \int_0^1 f(r\cos\theta, r\sin\theta)\, r dr$

(C) $\displaystyle\int_0^{2\pi} d\theta \int_0^1 f(r\cos\theta, r\sin\theta)\, r dr$ 　　　　 (D) $\displaystyle\int_{-\frac{\pi}{2}}^{\frac{\pi}{2}} d\theta \int_0^1 f(r\cos\theta, r\sin\theta)\, r dr$

(2) 二次积分 $\displaystyle\int_0^{\frac{\pi}{2}} d\theta \int_0^{\cos\theta} f(r\cos\theta, r\sin\theta)\, r dr$ 可写成 ( ).

(A) $\displaystyle\int_0^1 dy \int_0^{\sqrt{1-y^2}} f(x,y)\, dx$ 　　　　 (B) $\displaystyle\int_0^1 dy \int_{-\sqrt{1-y^2}}^{\sqrt{1-y^2}} f(x,y)\, dx$

(C) $\displaystyle\int_0^1 dx \int_0^1 f(x,y)\, dy$ 　　　　 (D) $\displaystyle\int_0^1 dx \int_0^{\sqrt{x-x^2}} f(x,y)\, dy$

**3. 利用直角坐标计算下列二重积分：**

（1）$\iint\limits_{D} x\sqrt{y}\,\mathrm{d}\sigma$，其中 $D$ 是由曲线 $y=\sqrt{x}$ 和 $y=x^2$ 所围成的闭区域.

（2）$\iint\limits_{D}(3x+2y)\,\mathrm{d}\sigma$，其中 $D$ 是由直线 $x=0$，$y=0$ 和 $x+y=2$ 所围成的闭区域.

（3）$\iint\limits_{D}\dfrac{x^2}{y^2}\,\mathrm{d}\sigma$，其中 $D$ 是由直线 $x=2$，$y=x$ 及曲线 $xy=1$ 所围成的闭区域.

（4）$\iint\limits_{D}\mathrm{e}^{x+y}\,\mathrm{d}\sigma$，其中 $D$ 是由曲线 $|x|+|y|=1$ 所围成的闭区域.

4. 计算下列二重积分：

(1) $\displaystyle\iint\limits_{D} e^{x^2+y^2} d\sigma$，其中 $D$ 是由圆周 $x^2+y^2=4$ 所围成的闭区域.

(2) $\displaystyle\iint\limits_{D} \sqrt{x^2+y^2} d\sigma$，其中 $D=\{(x,y) \mid a^2 \leqslant x^2+y^2 \leqslant b^2\}$.

(3) $\displaystyle\iint\limits_{D} \arctan\frac{y}{x} d\sigma$，其中 $D=\{(x,y) \mid 1 \leqslant x^2+y^2 \leqslant 4, x \geqslant 0, y \geqslant 0\}$.

(4) $\displaystyle\iint\limits_{D} \sqrt{x^2+y^2} d\sigma$，其中 $D=\{(x,y) \mid 0 \leqslant y \leqslant x, x^2+y^2 \leqslant 2x\}$.

(5) $\displaystyle\iint\limits_{D} \dfrac{1-x^2-y^2}{1+x^2+y^2}\mathrm{d}x\mathrm{d}y$,其中 $D=\{(x,y)\,|\,x\geqslant 0,y\geqslant 0,x^2+y^2\leqslant 1\}$.

## 二、提高练习

1. 填空题

(1) 将 $\displaystyle\int_0^1 \mathrm{d}y \int_0^{\sqrt{1-y^2}}(x^2+y^2)\mathrm{d}x$ 化为极坐标系下的二次积分＿＿＿＿＿＿＿＿＿＿

＿＿＿＿＿＿＿＿＿＿.

(2) 化二次积分 $\displaystyle\int_0^1 \mathrm{d}x \int_0^{x^2} f(x,y)\mathrm{d}y$ 为极坐标系下的二次积分＿＿＿＿＿＿＿＿＿＿

＿＿＿＿＿＿＿＿＿＿.

2. 选择题

(1) 已知 $D=\{(x,y)\,|\,x^2+y^2\leqslant a^2\}$，$D_1=\{(x,y)\,|\,x\geqslant 0,y\geqslant 0,x^2+y^2\leqslant a^2\}$，其中 $a$ 是正实数,则下列命题中正确的是(　　).

(A) $\displaystyle\iint\limits_{D} xy^2\mathrm{d}x\mathrm{d}y=4\iint\limits_{D_1} xy^2\mathrm{d}x\mathrm{d}y$      (B) $\displaystyle\iint\limits_{D} x^2 y\mathrm{d}x\mathrm{d}y=4\iint\limits_{D_1} x^2 y\mathrm{d}x\mathrm{d}y$

(C) $\displaystyle\iint\limits_{D}(x^2+y^2)\mathrm{d}x\mathrm{d}y=\iint\limits_{D} a^2\mathrm{d}x\mathrm{d}y$      (D) $\displaystyle\iint\limits_{D}(x^2+y^2)\mathrm{d}x\mathrm{d}y=2\iint\limits_{D} x^2\mathrm{d}x\mathrm{d}y$

(2) 设 $f(x,y)$ 是连续函数,则 $\displaystyle\int_0^{\pi}\mathrm{d}\theta\int_0^{2\sin\theta} f(r\cos\theta,r\sin\theta)r\mathrm{d}r$ 可写为(　　).

(A) $\displaystyle\int_{-1}^1 \mathrm{d}x \int_{1-\sqrt{1-x^2}}^{1+\sqrt{1-x^2}} f(x,y)\mathrm{d}y$      (B) $2\displaystyle\int_0^1 \mathrm{d}x \int_{1-\sqrt{1-x^2}}^{1+\sqrt{1-x^2}} f(x,y)\mathrm{d}y$

(C) $\displaystyle\int_{-1}^1 \mathrm{d}y \int_{-\sqrt{2y-y^2}}^{\sqrt{2y-y^2}} f(x,y)\mathrm{d}x$      (D) $2\displaystyle\int_0^1 \mathrm{d}y \int_{-\sqrt{2y-y^2}}^{\sqrt{2y-y^2}} f(x,y)\mathrm{d}x$

(3) 设 $f(x,y)$ 是连续函数,则 $\displaystyle\int_1^e \mathrm{d}x \int_0^{\ln x} f(x,y)\mathrm{d}y$ 的积分次序可以交换为(　　).

(A) $\displaystyle\int_0^e \mathrm{d}y \int_0^{\ln x} f(x,y)\mathrm{d}x$      (B) $\displaystyle\int_{e^y}^e \mathrm{d}y \int_0^1 f(x,y)\mathrm{d}x$

(C) $\displaystyle\int_0^{\ln x} \mathrm{d}y \int_1^e f(x,y)\mathrm{d}x$      (D) $\displaystyle\int_0^1 \mathrm{d}y \int_{e^y}^e f(x,y)\mathrm{d}x$

（4）设 $f(x,y)$ 是连续函数，$D$ 是由直线 $y=0$ 和曲线 $x=\sqrt{y}$，$x=\sqrt{2-y^2}$ 所围成的闭区域，则下列命题中不正确的是（　　）.

（A）$\displaystyle\iint\limits_{D} f(x,y)\,\mathrm{d}x\mathrm{d}y = \int_0^{\frac{\pi}{4}} \mathrm{d}\theta \int_{\sin\theta\sec^2\theta}^{\sqrt{2}} f(r\cos\theta, r\sin\theta)\,r\mathrm{d}r$

（B）$\displaystyle\iint\limits_{D} f(x,y)\,\mathrm{d}x\mathrm{d}y = \int_0^{\frac{\pi}{4}} \mathrm{d}\theta \int_{\sin\theta\sec^2\theta}^{\sqrt{2}} f(r\cos\theta, r\sin\theta)\,\mathrm{d}r$

（C）$\displaystyle\iint\limits_{D} f(x,y)\,\mathrm{d}x\mathrm{d}y = \int_0^1 \mathrm{d}y \int_{\sqrt{y}}^{\sqrt{2-y^2}} f(x,y)\,\mathrm{d}x$

（D）$\displaystyle\iint\limits_{D} f(x,y)\,\mathrm{d}x\mathrm{d}y = \int_0^1 \mathrm{d}x \int_0^{x^2} f(x,y)\,\mathrm{d}y + \int_1^{\sqrt{2}} \mathrm{d}x \int_0^{\sqrt{2-x^2}} f(x,y)\,\mathrm{d}y$

3. 交换下列积分次序并计算积分：

（1）$\displaystyle\int_0^{\frac{\pi}{2}} \mathrm{d}x \int_{\frac{\pi}{2}}^{\pi} \frac{\sin y}{y}\mathrm{d}y + \int_{\frac{\pi}{2}}^{\pi} \mathrm{d}x \int_x^{\pi} \frac{\sin y}{y}\mathrm{d}y.$

（2）$\displaystyle\int_{\frac{1}{4}}^{\frac{1}{2}} \mathrm{d}y \int_{\frac{1}{2}}^{\sqrt{y}} \mathrm{e}^{\frac{y}{x}}\mathrm{d}x + \int_{\frac{1}{2}}^{1} \mathrm{d}y \int_y^{\sqrt{y}} \mathrm{e}^{\frac{y}{x}}\mathrm{d}x.$

4. 已知半径为 $R$ 的圆形薄片上任意一点处的面密度的大小与该点到圆心的距离成正比,而该薄片边缘上的点处面密度的大小为 $\delta$,求该薄片的质量.

5. 设某个物质薄片占有 $xOy$ 面上的闭区域 $D$,在点 $(x,y)$ 处的面密度的大小为 $y$,其中 $D$ 是由直线 $x=-2,y=0,y=2$ 和曲线 $x=-\sqrt{2y-y^2}$ 所围成的平面区域,求该物质薄片的质量.

### 三、拓展练习

(2005 年考研数学一)设 $D=\left\{(x,y)\,\middle|\,x^2+y^2\leqslant\sqrt{2},x\geqslant0,y\geqslant0\right\}$,$[1+x^2+y^2]$ 表示不超过 $1+x^2+y^2$ 的最大整数,计算二重积分 $\iint\limits_{D}xy[1+x^2+y^2]\mathrm{d}x\mathrm{d}y$.

# 练习 9-2

## 一、过关练习

### 1. 填空题

(1) 设 $\Omega = \{(x,y,z) \mid |x| \leqslant 1, |y| \leqslant 1, |z| \leqslant 1\}$，则 $\iiint\limits_{\Omega} x^2 \mathrm{d}V =$ _____

_____.

(2) 设 $\Omega$ 由 $z = \sqrt{x^2+y^2}$ 及平面 $z=1$ 所围，则 $\iiint\limits_{\Omega} (x^2 y + z) \mathrm{d}V =$ _____.

(3) 设 $\Omega = \{(x,y,z) \mid x^2+y^2+z^2 \leqslant 1\}$，则 $\iiint\limits_{\Omega} (x^2 yz + z^3 + 1) \mathrm{d}V =$ _____

_____.

(4) 设 $\Omega$ 是 $x^2+y^2+z^2 \leqslant 1$ 位于第 I 卦限内的部分，则 $\iiint\limits_{\Omega} (x^2+y^2+z^2) \mathrm{d}V =$ _____

_____.

### 2. 选择题

(1) 设空间区域 $\Omega_1 = \{(x,y,z) \mid x^2+y^2+z^2 \leqslant R^2, z \geqslant 0\}$ 及 $\Omega_2 = \{(x,y,z) \mid x^2+y^2+z^2 \leqslant R^2, x \geqslant 0, y \geqslant 0, z \geqslant 0\}$，则（      ）.

(A) $\iiint\limits_{\Omega_1} x \mathrm{d}V = 4 \iiint\limits_{\Omega_2} x \mathrm{d}V$ 　　　　　 (B) $\iiint\limits_{\Omega_1} y \mathrm{d}V = 4 \iiint\limits_{\Omega_2} y \mathrm{d}V$

(C) $\iiint\limits_{\Omega_1} z \mathrm{d}V = 4 \iiint\limits_{\Omega_2} z \mathrm{d}V$ 　　　　　 (D) $\iiint\limits_{\Omega_1} xyz \mathrm{d}V = 4 \iiint\limits_{\Omega_2} xyz \mathrm{d}V$

(2) 设 $I = \iiint\limits_{\Omega} f(x^2+y^2+z^2) \mathrm{d}x\mathrm{d}y\mathrm{d}z$，$\Omega$ 是由 $|x|=a, |y|=a, |z|=a$ 所围成的正方体，则 $I = $（      ）.

(A) $\iiint\limits_{\Omega} f(3x^2) \mathrm{d}V$ 　　　　　 (B) $3 \iiint\limits_{\Omega} f(x^2) \mathrm{d}V$

(C) $3 \int_0^a \mathrm{d}x \int_0^a \mathrm{d}y \int_0^a f(x^2) \mathrm{d}z$ 　　　 (D) $8 \int_0^a \mathrm{d}x \int_0^a \mathrm{d}y \int_0^a f(x^2+y^2+z^2) \mathrm{d}z$

(3) 设 $\Omega = \{(x,y,z) \mid x^2+y^2+(z-1)^2 \leqslant 1\}$，则 $\iiint\limits_{\Omega} (x+xyz^2-3)\mathrm{d}V = ($　　$)$.

(A) 0　　　　　　(B) $3\pi$　　　　　　(C) $-3\pi$　　　　　　(D) $-4\pi$

3. 求 $I = \iiint\limits_{\Omega} z^2\mathrm{d}x\mathrm{d}y\mathrm{d}z$，其中 $\Omega = \left\{(x,y,z) \left| \dfrac{x^2}{a^2}+\dfrac{y^2}{b^2}+\dfrac{z^2}{c^2} \leqslant 1 \right.\right\}$.

4. 求 $I = \iiint\limits_{\Omega} (x+y)^2\mathrm{d}x\mathrm{d}y\mathrm{d}z$，其中 $\Omega$ 是由曲面 $z = \sqrt{x^2+y^2}$ 与 $z=1$ 围成的空间闭区域.

5. 计算 $I = \iiint\limits_{\Omega} (x+y+z)^2 \mathrm{d}V$，其中 $\Omega = \{(x,y,z) \mid x^2+y^2+z^2 \leqslant a^2\}$.

二、提高练习

1. 填空题

（1）（2015 年考研数学一）$\iiint\limits_{\Omega} (x+2y+3z) \mathrm{d}V = \underline{\hspace{2cm}}$，其中 $\Omega$ 是由平面 $x+y+z=1$ 与三个坐标平面所围成的空间闭区域.

（2）（2009 年考研数学一）设 $\Omega = \{(x,y,z) \mid x^2+y^2+z^2 \leqslant 1\}$，则 $\iiint\limits_{\Omega} z^2 \mathrm{d}x\mathrm{d}y\mathrm{d}z = \underline{\hspace{2cm}}$.

（3）（2010 年考研数学一）设 $\Omega = \{(x,y,z) \mid x^2+y^2 \leqslant z \leqslant 1\}$，则 $\Omega$ 的形心的竖坐标 $\overline{z} = \underline{\hspace{2cm}}$.

2. 选择题

（1）三次积分 $\int_{-1}^{1} \mathrm{d}x \int_{-\sqrt{1-x^2}}^{\sqrt{1-x^2}} \mathrm{d}y \int_{\sqrt{x^2+y^2}}^{1} (x^2+y^2) \mathrm{d}z$ 不可以化为（　　）.

（A）$\int_{0}^{2\pi} \mathrm{d}\theta \int_{0}^{1} \mathrm{d}\rho \int_{\rho}^{1} \rho^3 \mathrm{d}z$ 

（B）$\int_{0}^{2\pi} \mathrm{d}\theta \int_{0}^{\frac{\pi}{4}} \mathrm{d}\varphi \int_{0}^{\sec\varphi} r^4 \sin^3\varphi \mathrm{d}r$

（C）$\int_{0}^{1} \mathrm{d}z \int_{0}^{2\pi} \mathrm{d}\theta \int_{0}^{z} \rho^3 \mathrm{d}\rho$ 

（D）$\int_{0}^{2\pi} \mathrm{d}\theta \int_{0}^{\frac{\pi}{4}} \mathrm{d}\varphi \int_{0}^{1} r^4 \sin^3\varphi \mathrm{d}r$

（2）三次积分 $\int_0^{2\pi} \mathrm{d}\theta \int_0^{\sqrt{3}} \rho \mathrm{d}\rho \int_{\frac{\rho^2}{3}}^{\sqrt{4-\rho^2}} z \mathrm{d}z$ 可以化为（     ）.

（A）$\int_0^{2\pi} \mathrm{d}\theta \int_{\frac{\pi}{3}}^{\frac{\pi}{2}} \mathrm{d}\varphi \int_0^{\frac{3\cos\varphi}{\sin^2\varphi}} r^3 \cos\varphi\sin\varphi \mathrm{d}r$         （B）$\int_0^{2\pi} \mathrm{d}\theta \int_{\frac{\pi}{3}}^{\frac{\pi}{2}} \mathrm{d}\varphi \int_0^{\frac{3\cos\varphi}{\sin^2\varphi}} r^3 \cos\theta\sin\varphi \mathrm{d}r$

（C）$\int_{-\sqrt{3}}^{\sqrt{3}} \mathrm{d}x \int_{-\sqrt{3-x^2}}^{\sqrt{3-x^2}} \mathrm{d}y \int_{\frac{x^2+y^2}{3}}^{\sqrt{4-x^2-y^2}} z \mathrm{d}z$       （D）$\int_0^1 (z\cdot 3\pi z)\mathrm{d}z + \int_1^2 (z\cdot\pi\sqrt{4-z^2})\mathrm{d}z$

### 三、拓展练习

计算 $I = \iiint\limits_{\Omega} (x^2+y^2)\mathrm{d}V$，其中 $\Omega$ 为平面曲线 $\begin{cases} y^2=2z, \\ x=0 \end{cases}$ 绕 $z$ 轴旋转一周形成的曲面与

$z=8$ 所围成的区域.

# 练习 9-3

## 一、过关练习

1. 填空题

(1) 若 $L$ 为上半圆 $y=\sqrt{1-x^2}$，则曲线积分 $\int_L x\,\mathrm{d}s=$ _____ .

(2) 若 $L$ 为右半圆 $x=\sqrt{1-y^2}$，则曲线积分 $\int_L (x+1-\sqrt{1-y^2})\,\mathrm{d}s=$ _____ .

(3) 若 $L$ 为单位圆 $x^2+y^2=1$，则曲线积分 $\oint_L (x+y+1)^2\,\mathrm{d}s=$ _____ .

(4) 设 $L$ 为连接 $(1,0)$ 及 $(0,1)$ 两点的直线段，则曲线积分 $\int_L (x+y)\,\mathrm{d}s=$ _____ .

(5) 设 $L=\{(x,y)\mid y=\sqrt{4-x^2}\}$，则 $\int_L (x^2+xy+y^2)\,\mathrm{d}s=$ _____ .

(6) 设 $L$ 的方程是 $\dfrac{x^2}{4}+\dfrac{y^2}{3}=1$，其长度为 $a$，则 $\int_L (xy^4+3x^2+4y^2)\,\mathrm{d}s=$ _____ .

2. 设曲线 $L$ 的方程是 $y=x^2(0\leqslant x\leqslant\sqrt{2})$，计算曲线积分 $\int_L x\,\mathrm{d}s$.

3. 计算 $\int_L xy\mathrm{d}s$，其中 $L$ 是圆周 $x^2+y^2=a^2$ 在第一象限内的部分.

4. 设 $L$ 是由直线 $y=x$ 与抛物线 $y=x^2$ 所围成的区域的整个边界，计算 $\oint_L x\mathrm{d}s$.

## 二、提高练习

1. 设 $L$ 是圆周 $x^2+y^2=R^2$，计算曲线积分 $\oint_L (x^2+y^3)\,\mathrm{d}s$.

2. 设曲线 $L$ 的方程是 $x^2+y^2=4x$，计算 $\oint_L \sqrt{x^2+y^2}\,\mathrm{d}s$.

3. 设 $L$ 是由圆周 $x^2+y^2=a^2$、直线 $y=x$ 及 $x$ 轴在第一象限内所围成的扇形的整个边界，计算曲线积分 $\oint_L e^{\sqrt{x^2+y^2}}\,\mathrm{d}s$.

## 三、拓展练习

设 $L = \{(x,y) \mid (x^2+y^2)^2 = x^2-y^2\}$，求 $I = \oint_L |y| \, \mathrm{d}s.$

# 练习 9-4

## 一、过关练习

1. 填空题

（1）设 $L$ 为 $xOy$ 面内从点 $(0,0)$ 到点 $(0,1)$ 的一直线段,则曲线积分 $\int_L (x+y)\,\mathrm{d}x =$

_____ .

（2）设 $L$ 为 $xOy$ 面内从点 $(0,2)$ 到点 $(2,0)$ 的一直线段,则曲线积分 $\int_L (x+y)^2\,\mathrm{d}x =$

_____ .

（3）设 $L$ 为 $xOy$ 面内直线 $x=a$ 上的一段,则曲线积分 $\int_L f(x,y)\,\mathrm{d}x =$ _____ .

（4）设 $L$ 为 $xOy$ 面内直线 $y=a$ 上的一段,则曲线积分 $\int_L f(x,y)\,\mathrm{d}y =$ _____ .

（5）设 $L$ 为 $xOy$ 面内 $x$ 轴上从点 $(b,0)$ 到点 $(a,0)$ 的一直线段,且已知定积分 $\int_a^b f(t,0)\,\mathrm{d}t = 2$,则曲线积分 $\int_L f(x,y)\,\mathrm{d}x =$ _____ .

（6）设 $L$ 是 $y=2x^3$ 上从点 $(0,0)$ 到点 $(1,2)$ 的一段弧,则 $\int_L (x^2-y^2)\,\mathrm{d}y =$ _____ .

2. 计算第二型曲线积分 $I = \int_L (x^2-y^2)\,\mathrm{d}x$,其中 $L$ 是抛物线 $y=x^2$ 上从点 $A(0,0)$ 到点 $B(2,4)$ 的一段有向曲线弧.

3. 计算第二型曲线积分 $I = \int_L 2x^3 y \mathrm{d}x + 3x^2 y^2 \mathrm{d}y$, 其中 $L$ 的起点和终点分别为 $O(0,0)$ 和 $B(1,1)$.

(1) $L$ 是抛物线 $y = x^2$.

(2) $L$ 是直线段 $y = x$.

(3) $L$ 是依次连接 $O(0,0)$, $A(1,0)$, $B(1,1)$ 的有向折线.

## 二、提高练习

1. 设 $\Gamma$ 是从点 $(1,1,1)$ 到点 $(2,3,4)$ 的一段直线,计算曲线积分 $\int_{\Gamma} x\mathrm{d}x + y\mathrm{d}y +$ $(x+y-1)\mathrm{d}z$.

2. 计算 $I = \int_{C} yz\mathrm{d}x - xz\mathrm{d}y + 2z^3\mathrm{d}z$,其中曲线 $C$ 是螺旋线 $x = a\cos t, y = a\sin t, z = kt$ 上相应于 $t=0$ 到 $t=\pi$ 的有向曲线弧.

**三、拓展练习**

设 $\Gamma$ 是曲线 $x=t$, $y=t^2$, $z=t^3$ 上相应于 $t$ 从 $0$ 变到 $1$ 的曲线弧,把对坐标的曲线积分 $\int_{\Gamma} P\mathrm{d}x+Q\mathrm{d}y+R\mathrm{d}z$ 化为对弧长的曲线积分.

# 练习 9-5

## 一、过关练习

### 1. 填空题

(1) $\int_{(0,0)}^{(1,1)} (x+y)\,\mathrm{d}x + (x-y)\,\mathrm{d}y = $ _____.

(2) $\int_{(0,0)}^{(1,1)} (6xy^2 - y^3)\,\mathrm{d}x + (6x^2 y - 3xy^2)\,\mathrm{d}y = $ _____.

(3) 已知 $f(x)$ 具有连续导函数, $f(0) = 0$, 且曲线积分 $\int_L xy^2\,\mathrm{d}x + yf(x)\,\mathrm{d}y$ 与路径无关, 则 $f(x) = $ _____.

### 2. 选择题

(1) 已知 $(axy^2 + y^3\cos x + 2)\,\mathrm{d}x + (x^2 y - by^2\sin x)\,\mathrm{d}y$ 是函数 $f(x,y)$ 在点 $(x,y)$ 处的全微分, 则有 (    ).

(A) $a=-1, b=-3$    (B) $a=1, b=3$    (C) $a=-1, b=3$    (D) $a=1, b=-3$

(2) 设 $L$ 是顶点分别为 $A(0,0)$, $B(3,0)$ 和 $C(3,2)$ 的三角形, 且为正向边界, 则第二型曲线积分 $\oint_L (2x-y+4)\,\mathrm{d}x + (5y+3x-6)\,\mathrm{d}y = $ (    ).

(A) 12        (B) $-12$        (C) 6        (D) $-6$

### 3. 计算曲线积分 $\oint_L (2xy-2y)\,\mathrm{d}x + (x^2-4x)\,\mathrm{d}y$, 其中曲线 $L$ 的方程是 $x^2+y^2=9$, 取正向.

4. 已知曲线积分 $\displaystyle\int_L xy^\lambda \mathrm{d}x + x^\lambda y \mathrm{d}y$ 与积分路径无关,求正常数 $\lambda$,并计算曲线积分 $\displaystyle\int_{(1,1)}^{(0,2)} xy^\lambda \mathrm{d}x + x^\lambda y \mathrm{d}y$ 的值.

5. 计算曲线积分 $\displaystyle\oint_L (x^3 + \sin x - yx^2)\mathrm{d}x + (y + \mathrm{e}^y + xy^2)\mathrm{d}y$,其中曲线 $L$ 的方程是 $x^2 + y^2 = 1$,$L$ 的方向为顺时针方向.

6. 已知 $a > 0$,$L$ 是由点 $A(a,0)$ 沿曲线 $y = \sqrt{a^2 - x^2}$ 到点 $B(0,a)$ 的有向曲线弧,计算曲线积分 $\displaystyle\int_L (x+y)\mathrm{d}x + (x-y)\mathrm{d}y$.

二、提高练习

1. 选择题

（1）设封闭曲线 $L$ 的方程为单位圆 $x^2+y^2=1$，且 $L$ 的方向为逆时针方向，则第二型曲线积分 $\oint_L (2x^3-x^2y+1)\,\mathrm{d}x+(2y^3+xy^2-1)\,\mathrm{d}y = ($  $)$.

（A）$-\pi$ （B）$-\dfrac{\pi}{2}$ （C）$\dfrac{\pi}{2}$ （D）$\pi$

（2）设 $L_1=\{(x,y)\mid x^2+y^2=1\}$，$L_2=\{(x,y)\mid x^2+y^2=2\}$，$L_3=\{(x,y)\mid x^2+2y^2=2\}$，$L_4=\{(x,y)\mid 2x^2+y^2=2\}$ 为四条逆时针方向的平面曲线，记 $I_i=\oint_{L_i}\left(y+\dfrac{1}{6}y^3\right)\mathrm{d}x+\left(2x-\dfrac{1}{3}x^3\right)\mathrm{d}y\,(i=1,2,3,4)$，则 $\max\{I_1,I_2,I_3,I_4\}=($  $)$.

（A）$I_1$ （B）$I_2$ （C）$I_3$ （D）$I_4$

2. 计算第二型曲线积分 $\oint_L \dfrac{(x+y)\,\mathrm{d}x-(x-y)\,\mathrm{d}y}{x^2+y^2}$，其中曲线 $L$ 的方程是 $x^2+y^2=a^2$，取逆时针方向.

3. 求 $\int_L e^x(\sin y+1)dx+e^x\cos ydy$，其中 $L$ 是从点 $A(1,0)$ 沿曲线 $y=\sqrt{1-x^2}$ 到点 $B(-1,0)$ 的有向曲线弧段.

4. 设 $L$ 是由点 $(0,0)$ 到 $(1,1)$ 的曲线 $y=\sin\dfrac{\pi}{2}x$，证明曲线积分 $I=\int_L(x^2+2xy)dx+(x^2+y^4)dy$ 与路径无关，并计算 $I$ 的值.

5. 设函数 $u(x,y)$ 可全微分,且满足 $\mathrm{d}u(x,y)=(1+x^3y)\mathrm{d}x+ax^4\mathrm{d}y$,求常数 $a$,并计算曲线积分 $I=\displaystyle\int_{(0,0)}^{(1,1)}(1+x^3y)\mathrm{d}x+ax^4\mathrm{d}y$.

6. 计算 $I=\displaystyle\int_L\frac{x\mathrm{d}y-y\mathrm{d}x}{(x-y)^2}$,其中 $L$ 为从 $A(0,1)$ 沿曲线 $y=\sqrt{1+x^2}$ 到 $B(\sqrt{3},2)$ 的有向曲线弧.

7. 求第二型曲线积分 $\displaystyle\oint_L(x-y\sqrt{x^2+y^2}+2023)\mathrm{d}x+(y+x\sqrt{x^2+y^2}-2023)\mathrm{d}y$,其中 $L$ 是圆周 $x^2+y^2=3x$,取逆时针方向.

### 三、拓展练习

1. 计算曲线积分 $\oint_L (\sin x + y^2) \mathrm{d}x + (\mathrm{e}^y + 3xy) \mathrm{d}y$，其中 $L$ 是由曲线 $x = y^2 + 1$ 和直线 $x = 0, y = 0$ 及 $y = 1$ 所围成的有界闭区域 $D$ 的取正向的边界曲线.

2. 计算曲线积分 $I = \oint_L \dfrac{x\mathrm{d}y - y\mathrm{d}x}{2(x^2 + y^2)}$，其中 $L$ 是曲线 $(x-1)^2 + y^2 = 2$ 的逆时针方向.

# 练习 9-6

## 一、过关练习

### 1. 填空题

(1) 设 $\Sigma$ 为球面 $x^2+y^2+z^2=a^2$,则 $\oiint\limits_{\Sigma} dS =$ _____.

(2) 设 $\Sigma = \{(x,y,z) \mid z=\sqrt{x^2+y^2}, 1 \leqslant z \leqslant 2\}$,则曲面积分 $\iint\limits_{\Sigma}(z+xy^3)\,dS =$ _____.

(3) 若曲面 $\Sigma$ 为单位球面 $x^2+y^2+z^2=1$,则有 $\oiint\limits_{\Sigma}(x+y+z)^2 dS =$ _____.

### 2. 选择题

(1) 设有曲面 $\Sigma = \{(x,y,z) \mid x^2+y^2+z^2=a^2\}$,则 $\oiint\limits_{\Sigma}(x^2+y^2+z^2)dS = ($    $)$.

(A) $-4\pi a^4$        (B) $\pi a^4$        (C) $2\pi a^4$        (D) $4\pi a^4$

(2) 设有曲面 $\Sigma = \{(x,y,z) \mid x^2+y^2+z^2=1, x>0\}$,则 $\oiint\limits_{\Sigma} dS = ($    $)$.

(A) $\dfrac{2}{3}\pi$        (B) $\dfrac{4}{3}\pi$        (C) $2\pi$        (D) $4\pi$

## 二、提高练习

### 1. 选择题

(1) 设 $\Sigma = \{(x,y,z) \mid x+y+z=1, x \geqslant 0, y \geqslant 0, z \geqslant 0\}$,则 $\iint\limits_{\Sigma} y^2 dS = ($    $)$.

(A) $\dfrac{\sqrt{3}}{12}$        (B) $\dfrac{\sqrt{3}}{6}$        (C) $\dfrac{\sqrt{2}}{12}$        (D) $\dfrac{\sqrt{2}}{6}$

(2) 设曲面 $\Sigma$ 为 $x^2+y^2=9$ 位于 $z=0$ 及 $z=3$ 之间的部分,则曲面积分 $\iint\limits_{\Sigma}(x^2+y^2+1)dS = ($    $)$.

(A) $10\pi$        (B) $90\pi$        (C) $180\pi$        (D) $270\pi$

2. 计算 $\displaystyle\iint\limits_{\Sigma}(x^2+y^2)\,\mathrm{d}S$，其中 $\Sigma$ 是锥面 $z=\sqrt{x^2+y^2}\,(0\leqslant z\leqslant 1)$.

3. 计算曲面积分 $\displaystyle\iint\limits_{\Sigma}z\,\mathrm{d}S$，其中 $\Sigma$ 是柱面 $x^2+y^2=1$ 介于平面 $z=0$ 和 $z=1$ 之间的部分.

4. 设 $\Sigma = \{(x,y,z) \mid z = \sqrt{1-x^2-y^2}\}$，求曲面积分 $\iint\limits_{\Sigma} \dfrac{\sqrt{1-x^2-y^2}}{1+x^2+y^2} \mathrm{d}S$.

5. 计算曲面积分 $\iint\limits_{\Sigma} z \mathrm{d}S$，其中 $\Sigma$ 为锥面 $z = \sqrt{x^2+y^2}$ 在柱体 $x^2+y^2 \leqslant 2x$ 内的部分.

6. 计算曲面积分 $\iint\limits_{\Sigma} (x^2+y^2)\,\mathrm{d}S$,其中 $\Sigma$ 是锥面 $z=\sqrt{x^2+y^2}$ 介于平面 $z=0$ 和平面 $z=1$ 之间的部分.

### 三、拓展练习

计算曲面积分 $\iint\limits_{\Sigma} (x+y+z)\,\mathrm{d}S$,其中 $\Sigma$ 为球面 $x^2+y^2+z^2=a^2$ 上 $z \geq h(0<h<a)$ 的部分.

# 练习 9-7

一、过关练习

1. 填空题

（1）若曲面积分 $\iint\limits_{\Sigma} x^2 \mathrm{d}x\mathrm{d}y = a$，则曲面积分 $\iint\limits_{\Sigma^-} x^2 \mathrm{d}x\mathrm{d}y = $ _____.

（2）设 $\Sigma$ 是平面 $z=0$ 上的三角形平面 $0 \leqslant x+y \leqslant 1$，取上侧，则曲面积分 $\iint\limits_{\Sigma} xyz\mathrm{d}z\mathrm{d}x = $

_____.

（3）设 $\Sigma$ 是平面 $z=0$ 上的矩形区域 $0 \leqslant x \leqslant 1, 0 \leqslant y \leqslant 2$，取下侧，则曲面积分

$\iint\limits_{\Sigma} xyz\mathrm{d}z\mathrm{d}x = $ _____.

（4）设 $\Sigma$ 是平面 $z=c$ 上的矩形区域 $0 \leqslant x \leqslant a, 0 \leqslant y \leqslant b$，取上侧，则曲面积分

$\iint\limits_{\Sigma} x^2 \mathrm{d}y\mathrm{d}z = $ _____.

（5）设 $\Sigma$ 是平面 $x=a$ 上的矩形区域 $0 \leqslant y \leqslant b, 0 \leqslant z \leqslant c$，取前侧，则曲面积分

$\iint\limits_{\Sigma} x^2 \mathrm{d}x\mathrm{d}y = $ _____.

（6）设 $\Sigma$ 是平面 $y=b$ 上的矩形区域 $0 \leqslant x \leqslant a, 0 \leqslant z \leqslant c$，取右侧，则曲面积分

$\iint\limits_{\Sigma} x^2 \mathrm{d}x\mathrm{d}y = $ _____.

（7）设 $\Sigma$ 是平面 $x+y+z=1$ 在第 I 卦限部分的上侧，则曲面积分 $\iint\limits_{\Sigma} (x+y-z)\mathrm{d}z\mathrm{d}x = $

_____.

（8）设 $\Sigma$ 是锥面 $z = \sqrt{x^2+y^2}, 0 \leqslant z \leqslant 1$，取上侧，则曲面积分 $\iint\limits_{\Sigma} (z+1)\mathrm{d}z\mathrm{d}x = $ _____

_____.

2. 计算曲面积分 $I = \oiint\limits_{\Sigma} \dfrac{x\mathrm{d}y\mathrm{d}z + y\mathrm{d}z\mathrm{d}x + z\mathrm{d}x\mathrm{d}y}{x^2 + y^2 + z^2}$，其中 $\Sigma$ 为 $x^2 + y^2 + z^2 = 1$ 的外侧.

3. 计算第二型曲面积分 $\oiint\limits_{\Sigma} (xz^2 + 2y)\,\mathrm{d}y\mathrm{d}z + (x^2y - 2z^2)\,\mathrm{d}z\mathrm{d}x + (2xy + y^2z)\,\mathrm{d}x\mathrm{d}y$，其中 $\Sigma$ 是半球面 $z = \sqrt{1 - x^2 - y^2}$ 与 $z = 0$ 所围的整个表面，取外侧.

## 二、提高练习

1. 计算 $I = \iint\limits_{\Sigma} yz\mathrm{d}z\mathrm{d}x + 2\mathrm{d}x\mathrm{d}y$，其中 $\Sigma$ 是球面 $x^2 + y^2 + z^2 = 4$ 外侧在 $z \geqslant 0$ 的部分.

2. 计算曲面积分 $I = \iint\limits_{\Sigma} (2x+z)\,\mathrm{d}y\mathrm{d}z+z\mathrm{d}x\mathrm{d}y$，其中 $\Sigma$ 为有向曲面 $z = x^2+y^2(0 \leqslant z \leqslant 1)$，其法向量与 $z$ 轴正向夹角为锐角.

3. 求第二型曲面积分 $\iint\limits_{\Sigma} xz^2\,\mathrm{d}y\mathrm{d}z+(x^2y-z^2)\,\mathrm{d}z\mathrm{d}x+(2xy+y^2z)\,\mathrm{d}x\mathrm{d}y$，其中 $\Sigma$ 是半球面 $z = \sqrt{1-x^2-y^2}$ 的上侧.

4. 计算第二型曲面积分 $\oiint\limits_{\Sigma} x^2 \mathrm{d}y\mathrm{d}z + 2y^2 \mathrm{d}z\mathrm{d}x + (3z^2 - 4x^2y^2)\,\mathrm{d}x\mathrm{d}y$，其中 $\Sigma$ 是 $z = \sqrt{x^2+y^2}$ 与 $z = 2$ 所围立体的整个表面，取外侧.

### 三、拓展练习

计算曲面积分 $I = \iint\limits_{\Sigma} 2x^3 \mathrm{d}y\mathrm{d}z + 2y^3 \mathrm{d}z\mathrm{d}x + 3(z^2 - 1)\,\mathrm{d}x\mathrm{d}y$，其中 $\Sigma$ 是曲面 $z = 1 - x^2 - y^2 (z \geq 0)$ 的上侧.

# 第十章　无穷级数

## 练习 10-1

一、过关练习

1. 填空题

(1) 级数 $\displaystyle\sum_{n=1}^{\infty} \frac{1}{n(n+1)} = $ _____.

(2) 级数 $\displaystyle\sum_{n=1}^{\infty} \frac{3}{2^n} = $ _____.

(3) 级数 $\displaystyle\sum_{n=1}^{\infty} \frac{4^{n+1} - 3 \cdot 2^n}{5^n} = $ _____.

(4) 级数 $\displaystyle\sum_{n=1}^{\infty} \frac{2024}{n}$ _____("收敛"或"发散").

(5) 级数 $\displaystyle\sum_{n=1}^{\infty} \frac{1}{n^{2024}}$ _____("收敛"或"发散").

(6) 级数 $\displaystyle\sum_{n=1}^{\infty} \frac{n}{n+1}$ _____("收敛"或"发散").

2. 选择题

(1) 下列级数中收敛的是(　　　).

(A) $\displaystyle\sum_{n=1}^{\infty} \frac{1}{\sqrt[n]{2}}$　　　(B) $\displaystyle\sum_{n=1}^{\infty} n\sin\frac{\pi}{n}$　　　(C) $\displaystyle\sum_{n=1}^{\infty} \left(\frac{3}{2^n} + \frac{1}{3^n}\right)$　　　(D) $\displaystyle\sum_{n=1}^{\infty} \left(\frac{1}{2^n} - \frac{2}{n}\right)$

(2) 下列级数中收敛的是(　　　).

(A) $\dfrac{7}{4} + \dfrac{21}{8} + \dfrac{63}{16} + \dfrac{189}{32} + \cdots$　　　　　　(B) $\displaystyle\sum_{n=1}^{\infty} \frac{100n}{2060n+1}$

(C) $\displaystyle\sum_{n=1}^{\infty} (\sqrt{n+2} - \sqrt{n+1})$　　　　　　(D) $\dfrac{1}{2\cdot4} + \dfrac{1}{4\cdot6} + \dfrac{1}{6\cdot8} + \dfrac{1}{8\cdot10} + \cdots$

3. 证明级数

$$\sum_{n=1}^{\infty} \ln\left(1 + \frac{1}{n}\right) = \ln(1+1) + \ln\left(1 + \frac{1}{2}\right) + \cdots + \ln\left(1 + \frac{1}{n}\right) + \cdots$$

是发散的.

二、提高练习

1. 填空题

(1) 级数 $\displaystyle\sum_{n=1}^{\infty} \dfrac{1}{n(n+1)(n+2)} = \underline{\hspace{3cm}}$.

(2) 级数 $\displaystyle\sum_{n=1}^{\infty} \left(\sqrt{n+2} - 2\sqrt{n+1} + \sqrt{n}\right) = \underline{\hspace{3cm}}$.

(3) 已知级数 $\displaystyle\sum_{n=1}^{\infty} a_n$ 收敛, 其和为 $A$, 则级数 $\displaystyle\sum_{n=1}^{\infty} (a_n + a_{n+1})$ 的和等于 $\underline{\hspace{3cm}}$.

(4) 级数 $\displaystyle\sum_{n=1}^{\infty} \dfrac{1}{\sqrt[n]{n}}$ $\underline{\hspace{3cm}}$ ("收敛"或"发散").

(5) 已知级数 $\displaystyle\sum_{n=1}^{\infty} a_n$ 收敛, 则 $\displaystyle\lim_{n\to\infty} (a_n \sin n + 2024) = \underline{\hspace{3cm}}$.

2. 选择题

(1) 已知级数 $\displaystyle\sum_{n=1}^{\infty} a_n$ 收敛, 则下列级数中发散的是( ).

(A) $\displaystyle\sum_{n=1}^{\infty} 2024 a_n$ 　　　　　　　(B) $\displaystyle\sum_{n=1}^{\infty} a_n$

(C) $\displaystyle\sum_{n=1}^{\infty} (2a_n - a_{n+1})$ 　　　　　(D) $\displaystyle\sum_{n=1}^{\infty} (1 + a_n)$

(2) 设有数列 $\{a_n\}, \{b_n\}$, 若 $\displaystyle\lim_{n\to\infty} a_n = 0$, 则( ).

(A) 当 $\displaystyle\sum_{n=1}^{\infty} b_n$ 收敛时, $\displaystyle\sum_{n=1}^{\infty} a_n b_n$ 收敛

(B) 当 $\displaystyle\sum_{n=1}^{\infty} b_n$ 发散时, $\displaystyle\sum_{n=1}^{\infty} a_n b_n$ 发散

(C) 当 $\displaystyle\sum_{n=1}^{\infty} |b_n|$ 收敛时, $\displaystyle\sum_{n=1}^{\infty} a_n^2 b_n^2$ 收敛

(D) 当 $\displaystyle\sum_{n=1}^{\infty} |b_n|$ 发散时, $\displaystyle\sum_{n=1}^{\infty} a_n^2 b_n^2$ 发散

3. 计算级数 $\displaystyle\sum_{n=1}^{\infty} \frac{2n-1}{2^n}$.

## 三、拓展练习

1. 选择题

（1）$\displaystyle\lim_{n \to \infty} n\left(\frac{1}{1+n^2} + \frac{1}{2^2+n^2} + \cdots + \frac{1}{n^2+n^2}\right) = ($     $)$.

（A）$\dfrac{\pi}{4}$          （B）$\dfrac{\pi}{6}$          （C）0          （D）$+\infty$

（2）设 $u_n>0, n=1,2,3,\cdots$，若 $\displaystyle\sum_{n=1}^{\infty} u_n$ 发散，$\displaystyle\sum_{n=1}^{\infty} (-1)^{n-1} u_n$ 收敛，则下列结论正确的是（     ）.

（A）$\displaystyle\sum_{n=1}^{\infty} u_{2n-1}$ 收敛，$\displaystyle\sum_{n=1}^{\infty} u_{2n}$ 发散      （B）$\displaystyle\sum_{n=1}^{\infty} u_{2n-1}$ 发散，$\displaystyle\sum_{n=1}^{\infty} u_{2n}$ 收敛

（C）$\displaystyle\sum_{n=1}^{\infty} (u_{2n-1}+u_{2n})$ 收敛      （D）$\displaystyle\sum_{n=1}^{\infty} (u_{2n-1}-u_{2n})$ 收敛

2. 计算级数 $\displaystyle\sum_{n=1}^{\infty} \arctan \frac{1}{2n^2}$.

# 练习 10-2

## 一、过关练习

1. 判别下列级数的敛散性：

（1）$\displaystyle\sum_{n=1}^{\infty} \frac{1}{(n+1)(n+4)}$.

（2）$\displaystyle\sum_{n=1}^{\infty} \left(\frac{n}{3n+1}\right)^{n}$.

（3）$\displaystyle\sum_{n=1}^{\infty} \frac{n^{2}}{3^{n}}$.

（4）$\displaystyle\sum_{n=1}^{\infty} \frac{2^{n} n!}{n^{n}}$.

（5）$\displaystyle\sum_{n=1}^{\infty} \frac{1}{(1+\ln n)^{n}}$.

（6）$\displaystyle\sum_{n=1}^{\infty} \frac{1}{1+a^{n}} (a>0)$.

2. 判断下列级数的收敛性,若收敛,则需判定是绝对收敛还是条件收敛:

(1) $\displaystyle\sum_{n=1}^{\infty} \frac{n\sin\frac{2n\pi}{3}}{2^n}$.

(2) $\displaystyle\sum_{n=1}^{\infty} \frac{\sin(n!)}{n^2}$.

(3) $\displaystyle\sum_{n=1}^{\infty} (-1)^n\ln\left(1+\frac{1}{n}\right)$.

## 二、提高练习

1. 选择题

(1) 设 $a$ 为常数,则级数 $\displaystyle\sum_{n=1}^{\infty}\left(\frac{\sin na}{n^2}-\frac{1}{\sqrt{n}}\right)$ (　　).

(A) 绝对收敛　　　　　　　　　　(B) 条件收敛

(C) 发散　　　　　　　　　　　　(D) 敛散性与 $a$ 的取值有关

(2) 已知级数 $\displaystyle\sum_{n=1}^{\infty} a_n^2$ 与 $\displaystyle\sum_{n=1}^{\infty} b_n^2$ 都收敛,则 $\displaystyle\sum_{n=1}^{\infty} a_n b_n$(　　).

(A) 绝对收敛　　　　　　　　　　(B) 条件收敛

(C) 发散　　　　　　　　　　　　(D) 收敛性不确定

(3) 下列级数中条件收敛的是(　　).

(A) $\displaystyle\sum_{n=1}^{\infty} (-1)^n\frac{n}{n+1}$　　　　　　(B) $\displaystyle\sum_{n=1}^{\infty} \frac{(-1)^n}{\sqrt{n}}$

(C) $\displaystyle\sum_{n=1}^{\infty} \frac{(-1)^n}{n^2}$　　　　　　　　(D) $\displaystyle\sum_{n=1}^{\infty} (-1)^n\sin\frac{\pi}{2^n}$

(4) 级数 $\displaystyle\sum_{n=1}^{\infty} \frac{(-1)^n}{n^p}$ $(p>0)$ 的敛散情况是(　　).

(A) 当 $p>1$ 时绝对收敛,当 $p\leqslant 1$ 时条件收敛

(B) 当 $p\leqslant 1$ 时发散,当 $p>1$ 时收敛

(C) 当 $p<1$ 时绝对收敛,当 $p\geqslant 1$ 时条件收敛

(D) 当 $p>0$ 时绝对收敛

（5）设 $0 \leqslant u_n \leqslant \dfrac{1}{n}$，则下列级数中必收敛的是（　　）.

(A) $\displaystyle\sum_{n=1}^{\infty} u_n$ 　　　　　　　　　　(B) $\displaystyle\sum_{n=1}^{\infty} (-1)^n u_n$

(C) $\displaystyle\sum_{n=1}^{\infty} \sqrt{u_n}$ 　　　　　　　　　　(D) $\displaystyle\sum_{n=1}^{\infty} (-1)^n u_n^2$

（6）已知级数 $\displaystyle\sum_{n=1}^{\infty} a_n$ 收敛，而级数 $\displaystyle\sum_{n=1}^{\infty} b_n$ 发散，则下列级数中必发散的是（　　）.

(A) $\displaystyle\sum_{n=1}^{\infty} a_n b_n$ 　　　　　　　　　　(B) $\displaystyle\sum_{n=1}^{\infty} \dfrac{a_n}{b_n}$

(C) $\displaystyle\sum_{n=1}^{\infty} \dfrac{b_n}{a_n}$ 　　　　　　　　　　(D) $\displaystyle\sum_{n=1}^{\infty} (a_n + b_n)$

（7）下列说法中错误的是（　　）.

(A) 若级数 $\displaystyle\sum_{n=1}^{\infty} u_n$，$\displaystyle\sum_{n=1}^{\infty} v_n$ 都绝对收敛，则 $\displaystyle\sum_{n=1}^{\infty} (u_n + v_n)$ 必绝对收敛

(B) 若级数 $\displaystyle\sum_{n=1}^{\infty} u_n^2$，$\displaystyle\sum_{n=1}^{\infty} v_n^2$ 都收敛，则 $\displaystyle\sum_{n=1}^{\infty} (u_n + v_n)^2$ 收敛

(C) 若级数 $\displaystyle\sum_{n=1}^{\infty} u_n$ 绝对收敛，则 $\displaystyle\sum_{n=1}^{\infty} (|u_n| + u_n)$ 收敛

(D) 若级数 $\displaystyle\sum_{n=1}^{\infty} u_n$ 条件收敛，则 $\displaystyle\sum_{n=1}^{\infty} (|u_n| + u_n)$ 收敛

2. 已知正项级数 $\displaystyle\sum_{n=1}^{\infty} a_n$ 收敛，试证明：级数 $\displaystyle\sum_{n=1}^{\infty} a_n^2$ 和级数 $\displaystyle\sum_{n=1}^{\infty} \dfrac{\sqrt{a_n}}{n}$ 都收敛.

# 三、拓展练习

1. 选择题

（1）若级数 $\displaystyle\sum_{n=1}^{\infty} a_n$ 为正项级数，下列结论中正确的是（　　）.

（A）若 $\lim\limits_{n\to\infty}na_n=0$，则级数 $\sum\limits_{n=1}^{\infty}a_n$ 收敛

（B）若存在非零常数 $\lambda$，使得 $\lim\limits_{n\to\infty}na_n=\lambda$，则级数 $\sum\limits_{n=1}^{\infty}a_n$ 发散

（C）若级数 $\sum\limits_{n=1}^{\infty}a_n$ 收敛，则 $\lim\limits_{n\to\infty}n^2a_n=0$

（D）若级数 $\sum\limits_{n=1}^{\infty}a_n$ 发散，则存在非零常数 $\lambda$，使得 $\lim\limits_{n\to\infty}na_n=\lambda$

（2）设常数 $\lambda>0$，且级数 $\sum\limits_{n=1}^{\infty}a_n^2$ 收敛，则级数 $\sum\limits_{n=1}^{\infty}(-1)^n\dfrac{|a_n|}{\sqrt{n^2+\lambda}}$（　　　）.

（A）发散

（B）条件收敛

（C）绝对收敛

（D）收敛性与常数 $\lambda$ 有关

（3）下列各选项正确的是（　　　）.

（A）若 $\sum\limits_{n=1}^{\infty}a_n^2$ 和 $\sum\limits_{n=1}^{\infty}b_n^2$ 都收敛，则 $\sum\limits_{n=1}^{\infty}(a_n+b_n)^2$ 收敛

（B）若 $\sum\limits_{n=1}^{\infty}(a_n+b_n)^2$ 收敛，则 $\sum\limits_{n=1}^{\infty}a_n^2$ 和 $\sum\limits_{n=1}^{\infty}b_n^2$ 都收敛

（C）若正项级数 $\sum\limits_{n=1}^{\infty}a_n$ 发散，则对任意正整数 $n$，均有 $a_n\geqslant\dfrac{1}{n}$

（D）若 $\sum\limits_{n=1}^{\infty}a_n$ 收敛，且 $\lim\limits_{n\to+\infty}\dfrac{a_n}{b_n}=1$，则 $\sum\limits_{n=1}^{\infty}b_n$ 收敛

2. 设 $a_1=2,a_{n+1}=\dfrac{1}{2}\left(a_n+\dfrac{1}{a_n}\right)$ $(n=1,2,\cdots)$，证明：

（1）$\lim\limits_{n\to\infty}a_n$ 存在；　　（2）级数 $\sum\limits_{n=1}^{\infty}\left(\dfrac{a_n}{a_{n+1}}-1\right)$ 收敛.

# 练习 10-3

## 一、过关练习

### 1. 填空题

(1) 幂级数 $\displaystyle\sum_{n=1}^{\infty} \frac{1}{\sqrt{n+1}} x^n$ 的收敛半径 $R=$ _____ ,收敛域为 _____ .

(2) 幂级数 $\displaystyle\sum_{n=1}^{\infty} n! x^n$ 的收敛半径 $R=$ _____ ,收敛域为 _____ .

(3) 幂级数 $\displaystyle\sum_{n=0}^{\infty} \frac{3+(-1)^n}{3^n} x^n$ 的收敛半径 $R=$ _____ ,收敛域为 _____ .

(4) 幂级数 $\displaystyle\sum_{n=1}^{\infty} \frac{3^n+(-2)^n}{n} (x-1)^n$ 的收敛半径 $R=$ _____ ,收敛域为 _____ .

### 2. 选择题

(1) 设幂级数 $\displaystyle\sum_{n=1}^{\infty} a_n (x-1)^n$ 在 $x=-1$ 处条件收敛,则下列命题中不正确的是( ).

(A) 级数 $\displaystyle\sum_{n=1}^{\infty} (-1)^n a_n$ 绝对收敛

(B) 级数 $\displaystyle\sum_{n=1}^{\infty} a_n$ 条件收敛

(C) $\displaystyle\sum_{n=1}^{\infty} n a_n (x-1)^{n-1}$ 在 $x=2$ 处绝对收敛

(D) 级数 $\displaystyle\sum_{n=1}^{\infty} 3^n a_n$ 发散

(2) 级数 $\displaystyle\sum_{n=1}^{\infty} n x^n$ 的和函数 $s(x)$ 及收敛域为( ).

(A) $\dfrac{3x-1}{(1-x)^2}, -1<x<1$        (B) $\dfrac{x}{(1-x)^2}, -1<x<1$

(C) $\dfrac{x-2x^2}{(1-x)^2}, -1 \leqslant x \leqslant 1$        (D) $\dfrac{x-3x^2}{(1-x)^2}, -1 \leqslant x \leqslant 1$

3. 求下列级数的收敛半径和收敛域:

(1) $\displaystyle\sum_{n=1}^{\infty} \frac{(x-1)^n}{n \cdot 3^n}$.

(2) $\displaystyle\sum_{n=1}^{\infty} \frac{(-1)^n}{3^n+5} x^{2n}$.

(3) $\displaystyle\sum_{n=1}^{\infty} \frac{3^n+5^n}{n} x^n$.

(4) $\displaystyle\sum_{n=1}^{\infty} n(x+1)^{2n-1}$.

## 二、提高练习

### 1. 填空题

(1) 已知级数 $\displaystyle\sum_{n=1}^{\infty} a_n x^{2n+1}$ 的系数满足 $\displaystyle\lim_{n\to\infty} \left| \frac{a_{n+1}}{a_n} \right| = 2$,则该级数的收敛半径为___.

(2) 已知幂级数 $\displaystyle\sum_{n=1}^{\infty} a_n(x+2)^n$ 在 $x=0$ 处收敛,在 $x=-4$ 处发散,则幂级数 $\displaystyle\sum_{n=1}^{\infty} a_n(x-3)^n$ 的收敛域是_____.

(3) 幂级数 $\displaystyle\sum_{n=0}^{\infty} \frac{(n!)^3(2x-1)^{3n}}{(3n)!}$ 的收敛半径 $R=$ _____ ,收敛域为 _____ .

(4) 幂级数 $\displaystyle\sum_{n=1}^{\infty} \frac{\ln n}{n}x^n$ 的收敛域是 _____ .

(5) 已知幂级数 $\displaystyle\sum_{n=0}^{\infty} a_n x^n$ 的收敛半径为 3,则 $\displaystyle\sum_{n=0}^{\infty} na_n(x-1)^n$ 的收敛区间为 _____ .

(6) 已知级数 $\displaystyle\sum_{n=1}^{\infty} \frac{nx}{n^3+x^{2n}}$ 收敛,那么参数 $x$ 的取值范围是 _____ .

2. 选择题

(1) 若数列 $\{a_n\}$ 单调减少,且 $\displaystyle\lim_{n\to\infty} a_n = 0, s_n = \sum_{k=1}^{n} a_k$ 是无界的,则幂级数 $\displaystyle\sum_{n=1}^{\infty} a_n(x-1)^n$ 的收敛域为( ).

(A) $(-1,1]$      (B) $[-1,1)$      (C) $[0,2)$      (D) $(0,2]$

(2) 幂级数 $\displaystyle\sum_{n=1}^{\infty} \frac{3^n+(-6)^n}{n}x^n$ 的收敛域为( ).

(A) $\left(-\dfrac{1}{6}, \dfrac{1}{6}\right]$    (B) $\left[-\dfrac{1}{6}, \dfrac{1}{6}\right)$    (C) $\left[-\dfrac{1}{6}, \dfrac{1}{6}\right]$    (D) $\left(-\dfrac{1}{6}, \dfrac{1}{6}\right)$

3. 求级数 $\displaystyle\sum_{n=1}^{\infty} \frac{n+1}{3^n}$ 的和.

4. 求幂级数 $\displaystyle\sum_{n=1}^{\infty} \frac{2n-1}{2^n}x^{2n-2}$ 的和函数,并求 $\displaystyle\sum_{n=1}^{\infty} \frac{2n-1}{2^{2n-1}}$ 的和.

1. 求幂级数 $\sum\limits_{n=1}^{\infty} \dfrac{(-1)^{n-1}}{2n-1} x^{2n}$ 的收敛域及和函数.

2. 试分析幂级数 $\sum\limits_{n=0}^{\infty} \dfrac{n+1}{21^n} x^n$ 的收敛半径、收敛域及和函数,并计算 $\sqrt{\sum\limits_{n=0}^{\infty} \dfrac{n+1}{21^n}}$ 的值.

# 练习 10-4

## 一、过关练习

1. 填空题

（1）将下列函数展开为 $x$ 的幂级数：

$a^x (a>0, a \neq 1) = $ ＿＿＿＿＿＿＿＿＿＿＿＿＿＿＿＿＿；

$e^{-x} = $ ＿＿＿＿＿＿＿＿＿＿＿＿＿＿＿＿＿＿＿＿＿；

$\sin 2x = $ ＿＿＿＿＿＿＿＿＿＿＿＿＿＿＿＿＿＿＿＿＿；

$\dfrac{1}{1+x} = $ ＿＿＿＿＿＿＿＿＿＿＿＿＿＿＿＿＿＿＿＿＿；

$\ln(1+x) = $ ＿＿＿＿＿＿＿＿＿＿＿＿＿＿＿＿＿＿＿；

$\arctan x = $ ＿＿＿＿＿＿＿＿＿＿＿＿＿＿＿＿＿＿．

（2）函数 $e^x$ 展开成 $x-3$ 的幂级数是 ＿＿＿＿＿＿＿＿＿＿＿＿＿＿．

2. 将下列函数展开成 $x$ 的幂级数：

（1）$\sin^2 x$.

（2）$\ln(a+x)$.

（3）$(1+x)\ln(1+x)$.

**二、提高练习**

1. 将 $\dfrac{\mathrm{d}}{\mathrm{d}x}\left(\dfrac{\mathrm{e}^x-1}{x}\right)$ 展开成 $x$ 的幂级数，并证明 $\displaystyle\sum_{n=1}^{\infty}\dfrac{n}{(n+1)!}=1$.

2. 将 $f(x)=\dfrac{1}{x^2+4x+7}$ 展开成 $x+2$ 的幂级数.

## 三、拓展练习

1. 将函数 $f(x) = \dfrac{1}{4}\ln\dfrac{1+x}{1-x} + \dfrac{1}{2}\arctan x - x$ 展开成 $x$ 的幂级数.

2. 将函数 $f(x) = \arctan\dfrac{1+x}{1-x}$ 展开成 $x$ 的幂级数, 并求 $f^{n}(0)$.

# 练习 10-5

## 一、过关练习

**填空题**

（1）已知 $f(x)$ 是周期为 2 的周期函数，且 $f(x) = \begin{cases} 2, & -1 < x \leq 0, \\ x^3, & 0 < x \leq 1, \end{cases}$ 则 $f(x)$ 的傅里叶级数在 $x = 1$ 处收敛于 _____ .

（2）设 $f(x) = \begin{cases} -1, & -\pi < x \leq 0, \\ 1 + x^2, & 0 < x \leq \pi, \end{cases}$ 则其以 $2\pi$ 为周期的傅里叶级数在 $x = \pi$ 处收敛于 _____ .

（3）已知级数 $\dfrac{a_0}{2} + \sum\limits_{n=1}^{\infty} (a_n \cos nx + b_n \sin nx)$ 是 $f(x) = \pi x + x^2 (-\pi < x < \pi)$ 的傅里叶级数展开式，则系数 $b_3 = $ _____ .

（4）设函数 $f(x) = x^2, 0 \leq x \leq 1, b_n = 2 \int_0^1 f(x) \sin n\pi x \mathrm{d}x \, (n = 1, 2, 3, \cdots)$ ，且 $s(x) = \sum\limits_{n=1}^{\infty} b_n \sin n\pi x$ ，则 $s\left(-\dfrac{1}{2}\right) = $ _____ ，$s(2016) = $ _____ .

（5）设 $f(x) = \begin{cases} x, & 0 \leq x \leq \dfrac{1}{2}, \\ 2 - 2x, & \dfrac{1}{2} < x < 1, \end{cases}$ $a_n = 2 \int_0^1 f(x) \cos n\pi x \mathrm{d}x \, (n = 0, 1, 2, \cdots)$，$s(x) = \dfrac{a_0}{2} + \sum\limits_{n=1}^{\infty} a_n \cos n\pi x$ ，则 $s\left(-\dfrac{5}{2}\right) = $ _____ .

（6）已知 $f(x)$ 是周期为 6 的周期函数，且 $f(x) = \begin{cases} x, & -3 < x \leq 0, \\ x^2, & 0 < x \leq 3, \end{cases}$ 则 $f(x)$ 的傅里叶级数在 $x = 3$ 处收敛于 _____ .

（7）已知 $f(x)$ 是周期为 2 的周期函数，且 $f(x) = \begin{cases} 4, & -1 < x \leq 0, \\ x^2, & 0 < x \leq 1, \end{cases}$ 则 $f(x)$ 的傅里叶

级数在 $x = 0$ 处收敛于 _____.

(8) 已知 $f(x)$ 是周期为 2 的周期函数，$f(x) = \begin{cases} 2-\pi, & -1 \leqslant x < 0, \\ \pi, & 0 < x \leqslant 1, \end{cases}$ $s(x)$ 是 $f(x)$ 的傅里叶级数的和函数，则 $s(2021) = $ _____.

## 二、提高练习

1. 将 $f(x) = \begin{cases} 0, & -2 < x \leqslant 0, \\ 1, & 0 < x \leqslant 2 \end{cases}$ 展开成傅里叶级数.

2. 将 $f(x) = \begin{cases} 0, & 0 \leqslant x \leqslant \dfrac{\pi}{2}, \\ 1, & \dfrac{\pi}{2} < x \leqslant \pi \end{cases}$ 展开成余弦级数.

## 三、拓展练习

将函数 $f(x) = 1 - x^2 (0 \leqslant x \leqslant \pi)$ 展开成余弦级数，并求级数 $\sum\limits_{n=1}^{\infty} \dfrac{(-1)^{n-1}}{n^2}$ 的和.

# 习题参考答案

## 郑重声明

高等教育出版社依法对本书享有专有出版权。任何未经许可的复制、销售行为均违反《中华人民共和国著作权法》,其行为人将承担相应的民事责任和行政责任;构成犯罪的,将被依法追究刑事责任。为了维护市场秩序,保护读者的合法权益,避免读者误用盗版书造成不良后果,我社将配合行政执法部门和司法机关对违法犯罪的单位和个人进行严厉打击。社会各界人士如发现上述侵权行为,希望及时举报,我社将奖励举报有功人员。

反盗版举报电话　(010)58581999　58582371

反盗版举报邮箱　dd@ hep. com. cn

通信地址　北京市西城区德外大街 4 号　高等教育出版社法律事务部

邮政编码　100120

读者意见反馈

为收集对教材的意见建议,进一步完善教材编写并做好服务工作,读者可将对本教材的意见建议通过如下渠道反馈至我社。

咨询电话　400-810-0598

反馈邮箱　hepsci@ pub. hep. cn

通信地址　北京市朝阳区惠新东街 4 号富盛大厦 1 座

　　　　　高等教育出版社理科事业部

邮政编码　100029

防伪查询说明

用户购书后刮开封底防伪涂层,使用手机微信等软件扫描二维码,会跳转至防伪查询网页,获得所购图书详细信息。

防伪客服电话　(010)58582300

## 读者意见反馈

为收集对教材的意见建议，进一步完善教材编写并做好服务工作，读者可将对本教材的意见建议通过如下渠道反馈至我社。

咨询电话　　400-810-0598

反馈邮箱　　gjdzfwb@pub.hep.cn

通信地址　　北京市朝阳区惠新东街4号富盛大厦1座　高等教育出版社总编辑办公室

邮政编码　　100029

## 防伪查询说明

用户购书后刮开封底防伪涂层，使用手机微信等软件扫描二维码，会跳转至防伪查询网页，获得所购图书详细信息。

**防伪客服电话**　　(010)58582300